THE PRACTICAL
PSYCHOLOGICAL
AND SELF-CONTROL

超实用
心理学与自控力

畅销2版

曲 楠——著

中国法制出版社
CHINA LEGAL PUBLISHING HOUSE

前言

PREFACE

自控是一种内心力量

“要想征服世界，首先征服自己。”——拿破仑

“我从未见过一个自制、勤奋、谨慎、诚实的人抱怨命运不好，拥有良好的品格、优良的习惯、坚强意志力的人，是不会被命运击败的。”——本杰明·富兰克林

生活中，我们常常会听到类似的评价：“这个人自控力极强。”“那个人自控力很差。”那么，究竟什么是自控力呢？社会认知心理学家认为：自我控制能力就是个体能够自主调节行为，使其个人价值和社会期许相互匹配的一种能力，这种能力能够引发或者抑制某些特定的行为。成功学专家则认为：自控力是人对于自身的心理和行为的主动掌控，是个体自觉地选择目标，然后主动地克服困难、排除干扰、控制自我，并最终达到目标的一种能力。它既是人对意识的一种自我掌控，也是个人意志力的集中体现。

人生在世，最难又最简单的一件事情就是管好自己。要做到真正地管理好自己，就需要我们具有足够强的自控力，

换言之，就是一个人必须具备自觉调节和控制自我的能力。只有这样，我们才能够冷静地对待周围所发生的事情，有意识地控制自己的思想，约束自己的行为，提升自己。

我们身边总是存在着这样一些潦草度日的人和一些司空见惯的现象：明明有许多迫在眉睫的事情急需处理，但就是不能马上开工，非要一直拖延到工作截止的最后一天才手忙脚乱地补救；成天嚷嚷着要减肥，却始终没有采取任何可行的措施，或者用几粒减肥药、几次饿肚子敷衍了事，然后每次看着体重秤上不断攀升的数字，自欺欺人地在心里祈祷，肯定是电子秤坏掉了；每当看完心灵鸡汤类的励志书籍后，总会有一种莫名的正能量充满于心，反复告诉自己一定要利用八小时以外的时间好好看书充电，却总是在电视、电脑、手机之间流连忘返、徘徊踟蹰，直到眼皮子打架的时候才恍然发现，书本上的页码依旧是如此的熟悉；更可怕的是，这样的日子“明日复明日，明日何其多”，无数次的发誓就这样在嘴边的倦意中化为乌有，每天雷同的颓废度日就如同不停地按着刷新键 F5，而这样的人也许就是你，也许就是我！

一个人能够自我控制的秘密源自他的心理和思想，心理和思想决定了行为，行为则会反过来制约、影响心理和思想。一旦做了思想的主人，我们就可以控制自己的思维、情绪和心态，从而掌控生活中可能会出现的各种情况。只有自控能力强的人才能够充分发挥自身潜能，更好地战胜自己的情绪、习惯、行为和欲望，更好地面对压力、解决冲突、战胜逆境，令自己的家庭稳固长久、身心愉悦健康、社交广泛和谐、事业发达兴旺，这也正是我们眼中的成功人士。所以，自控力作为一种内在的动机与力量，正是古往今来的成功者不可或缺的一种优秀品质。

德国的著名音乐家马赫，出身贫寒，却对音乐一直保持着无尽的渴望和激情。为了实现由来已久的愿望——去汉堡听一位管风琴大师的演奏，马赫风尘仆仆地赶了400公里的路，历经千辛万苦且没有被困难吓倒；为了得到名师的指点，他饿了就啃两口硬邦邦的干粮，渴了就喝一口路边的泉水，累了就一头栽倒在农家的草垛或马棚里歇歇脚，终于排除万难来到了汉堡，但苦难却似乎才刚刚开始。因为家里贫困，囊中羞涩，马赫受尽了别人的嘲笑和讥讽，但他并不以为意，反而更加热情地抓住每一次学习的机会，越发勤学苦练。没有钱点灯，他就爬到屋顶上，在明亮的月光下抄写曲谱，优美的《月光曲》正是由此诞生。马赫的一生都在同各种各样的困难做斗争，却始终没有停止对音乐的不懈追求，终于修成正果，成为享誉世界的近代奏鸣曲奠基者。而马赫的成功与其惊人的自控力无疑是密不可分的。

在现代社会里，我们每天都忙于外界的事情，很难听到自己内心真实的声音，所以，很难循着自己生活应有的轨迹前行。而自控力就是一种能够掌握自己内心的能力，它要求我们按照自己的本心去过真实而有意义的生活，真正做到掌握自己。没有了自控力，生活就会变成一团乱麻。所以，我们总在抱怨生活的不幸、做人的痛苦，殊不知外界行为的混乱都是源于内心的混乱，外面的不顺畅实质也是因为内心的无序和不稳定。因此，自控力能够让我们牢牢地掌控自己的命运，做自己人生的主人。

一个朋友在私企工作，并非高薪族，甚至在那座城市中居无定所。笔者却打心眼里佩服和羡慕他，因为他已经拥有了过自己想要的生活的毅力和管理自我的能力：规律的作息时间；坚持工作结束之后的健身、游泳等有氧运动；每天都会抽出固定的时间看书、写读书札记；周末带着妻儿老小去参加家庭聚会、郊游……这些只会在我们的计划中闪现的事情，在他的生活中却那么井井有条地进行着。一切都在自己的计划之中——父慈子孝，夫妻情深，事业稳步上升，生活在喧嚣的大都市里，却依然保持着一颗沉静的心。比起那些所谓的成功人士来，他才是生活中的大赢家。

由此，我们可以看出，在这个世界上，什么东西都代替不了从自我内心出发的坚持。“世上无难事，只怕有心人”，这些都是我们耳熟能详的道理，但在自控力缺席的人生里，又怎么能够坚持不懈，并最终取得成功呢？所以，自控力是世界上最强大的财富，是一种需要我们终生修炼的心灵力量。

目录
CONTENTS

第一章

自控力为什么重要

自控力为什么重要

自控力会带来成功

每个人都希望成功，在成功的道路上，大家都付出了无数的努力，经历了艰辛，一旦松懈下来，便会自欺欺人地活着。在生活中，有的人想要拥抱更好的未来，于是立志好好学习，却根本无法控制自己的散漫和懒惰，直到考试的时候，才匆匆忙忙拿起书来临阵磨枪；有的人想要戒掉烟瘾、网瘾，或者想要减肥，于是三番五次地赌咒发誓，却根本管不住自己的欲望，抵制不住烟酒、网络和美食的诱惑；有的人染上了手机综合征，整日里刷微博、刷朋友圈，时时刻刻握着手机，通宵熬夜关注一些无关紧要的东西，他们偶尔也会反省，第二天却依然如此；有的人为自己列出了很多计划，但多数因为拖沓而在实施的过程中惨遭滑铁卢；有的人遇事做不到沉着冷静，管不住自己的情绪，米粒大的事情也会引发天大的焦虑；有的人天生就是购物狂，虽然也经常提醒自己要控制消费，但终究抵不住商场各种活动的大优惠，最后变成了月光族……我们每天都乐此不疲地制定着各种计划，但最后却以失败而告终，于是我们懊悔着，反省着，但转过头来仍旧重复进行着同样的事情，日复一日，周而复始。自控能力的缺乏已经成为当今社会的一个突出问题，严重影响了人们的身心健康，影响了正常的工作学习和生活秩序。

所谓自我控制能力，就是对自我行为进行判断后做出的理性决定，这种理智的判断和行为共同构成了自我控制力，具体包括抑制冲动行为、抵制诱惑、延迟满足、制定和完成计划、采取适于社会情景的方法等五个方面。**自我控制是一个人对于内心和行为的掌控，是个体从幼稚、依赖走向成熟、独立的显著标志。**

著名的斯坦福大学自控力实验就很好地诠释了这一观点。1960 年，美国斯坦福大学的心理学家瓦特·米伽尔做了一个软糖实验：选取若干名 4 岁左右的孩子，将他们带入一个简陋的房间。先发给每个孩子一颗软糖，然后告诉他们："这颗糖非常美味，但如果你们马上吃掉，那就只能吃到这一颗；如果等 20 分钟之后再吃，就会再奖励给你们一颗软糖。也就是说，等 20 分钟再吃，就可以吃到两颗软糖。"

随后，米伽尔躲到门外观察孩子们的表现：有些孩子急不可耐，很快就把软糖吃掉了；有些孩子则能耐着性子，把软糖放得远远的，他们为了使自己禁得住诱惑，或者闭上眼睛装睡，或者翻开书本转移注意力，总之，这些孩子最终吃到了两颗软糖。

之后的 14 年间，研究者对这些参加实验的孩子进行了长期的跟踪研究，一直持续到他们高中毕业。研究结果显示：那些能够等待并最终吃到两颗软糖的孩子，在青少年时期，仍能做到静静地等待机遇而不急于求成，也就是说，他们具有一种为了长远目标而暂时牺牲眼前利益的能力，就是我们所讨论的自控能力；而那些当年急不可耐最后只吃到一颗软糖的孩子，则在青少年时期表现得比较盲目和虚荣，在欲望来临时无法控制自己，如果不能马上满足眼前的欲望，就根本无法静下心来，继续去做后面的事情。软糖实验证明，能够耐心等待的孩子的成功率，远远高于那些无法等待的孩子。

这个实验足以说明自控力对一个人自我发展的影响。被誉为日本四大"经营之圣”之一的稻盛和夫在《活法》一书中说：“驾驭本能并不容易。没有本能，人根本无法生存，因此我并不主张把本能抛弃。但更为重要的是，我们不能受控于本能，而是要培养出以意志控制本能的能力。依本能行事是自然的行为，因此驾驭本能可谓是一大挑战。然而，想要驾驭本能，没有任何捷径。在私欲一冒出来的时候，就要马上逮住，并用我们的智力去压制。我们一定要学着驾驭自己的本能。这样，智力方能得以发展，也才有做出正确决定的能力。”

因此，**一个有自控力的人，永远知道自己要做什么，而不仅仅是该做什么。**他们会更加理智地朝着自己的目标阔步前行，而不为天生的本能和优柔寡断的情感所牵绊，当然会更容易接近成功、获得成功。由此可见，一个人的成功也许并不在于智商的高低和财富的多少，而在于追求生活目标或实现理想的过程中所体现出来的那种对于自我人生的实际掌控能力。

在《红楼梦》第 12 回《王熙凤毒设相思局，贾天祥正照风月鉴》中，贾瑞受到王熙凤的多次捉弄之后，相思日重，染得一身“淫病”。这时，有一个跛足的道人前来化斋，说自己专治冤业之症。贾瑞大喜过望，连声向他求救。道人便从身上取出一面写着“风月宝鉴”四个字的镜子，交于贾瑞后反复叮嘱他：“你这病非药可医，我有个宝贝与你，你天天看时，此命可保矣。千万不可照正面，只照它的背面，要紧，要紧！三日后吾来收取，管叫你好了。”但当贾瑞发现这面“风月宝鉴”的镜子背面是一只吓人的骷髅，而正面却是巧笑招手的凤姐时，“心中到底不足”，只是翻过正面来看，“如此多次，只见两个人走来，拿铁锁把他套住，拉了就走，一命呜呼”。难以自制的贾瑞就这样送了命。

试想，如果贾瑞能够听从道人的劝说，严格控制自己，自律地执行“只看背面”的嘱咐，那么三日之后，其病自愈，当然会恢复健康！可惜贾瑞自作孽，不可活，一次次地放纵自己的淫欲，最终丢掉了性命。现实生活中也同样如此，自控力强的人往往能够很好地把握自己生活的方方面面，包括分配时间、完成工作以及控制情绪等。那么相应地，他身边的一切都会按部就班地进行下去——事业、家庭以及人际关系都会往积极的方向发展。如此，自然就不必劳心劳力，可以轻轻松松地进入人生的良性循环，就会心情愉悦，从而促进身心的健康发展。

自控力会带来和谐和安定

自控力强的人，往往意志比较坚定，这是因为控制自己需要强大的意志力。意志和思想一样，并不是与生俱来的，而是在社会实践中逐步培养和锻炼出来的。要想增强自控力，就必须要从日常生活中的一点一滴做起，加强对意志力的磨炼。

说到自控力，就不能不提到一个国家——德国。德国的大文学家歌德说："谁若游戏人生，他就一事无成，不能够主宰自己，永远是一个奴隶。"德国是一个自控力极强的国家，在德国的街道上，即使没有交警维持交通秩序，甚至没有红绿灯，也不会有人闯入街道；在遇到行人时，行驶中的车也会自觉、地减慢速度，等待行人通过；生活中，德国人会自觉地遵守法则，耐心地排队等候，不会出现插队的情况……整个社会都呈现出一种高度自觉、井然有序的社会风貌。在德国，不论是家长还是学校，都不约而同地把能否主宰自己的自控力看作孩子是否能够走向成功的关键因素，努力从娃娃抓起，从细微之处培养孩子的自控力。例如一定要吃完食物；写完作业以后才能够游戏；为每个孩子准备一个记事本，记录其近期和长期的大小计划；经常带孩子去看球赛、唱国歌等，因为德国的国歌中列举了德国人的种种习惯，甚至是恶习……这些都会督促人们自律。美国的科学家研究发现，自控力具有传染性，当看到自控力强的人时，人们往往会不知不觉地加以效仿，逐步提高自身的自控力。良好的风气就这样蔓延开来，慢慢地演变为一个民族乃至一个社会的优秀品质，使得今天的德国成为一个优秀的、和谐安定的国度。

成大事者皆能自控

通俗一点来说，自控就是“管住自己”，这并不是一件容易的事。**要经营事业，必先经营好自己，要管理别人，必先管理好自己。**在儒、道、释三大传统文化流派中，反复强调的就是管住自己。比如，儒家学说中的“克己复礼为仁”，就认为一个人唯有管住自己的思想、情绪和行为，才能建功立业，最终拥抱成功。事实证明，古今中外成大事者皆能自控！

美国第二十八任总统伍德罗·威尔逊的助理豪斯是个很有智慧的人。一次，威尔逊总统私下里同他商议一个问题。豪斯因为早已就这个问题深思熟虑过，所以向总统讲得慷慨激昂、滔滔不绝。他很为自己能想出这样高明的计划而感到得意，谁料，威尔逊总统听后却低下头来，久久地沉默不语。几天后，威尔逊总统把豪斯的建议作为自己的见解公之于众，却丝毫没有提及豪斯的任何功劳。睿智的豪斯虽然明知威尔逊总统盗用了自己的建议，却一直对此守口如瓶，从未向第三个人提起过。久而久之，豪斯成了威尔逊总统的心腹，威尔逊总统极为器重他，经常把一些重要的事务全权委托给他。

1914 年春天，豪斯奉威尔逊总统之命赴法国访问。在与法国外长的谈话中，豪斯把自己建议的、经过威尔逊总统初步同意的方案，全部说成是“威尔逊总统的创建”，并热烈地赞扬了总统的“天才勇气和先见之明”。威尔逊总统在看过谈话记录后，毫不犹豫地批准了这个方案。于是，该方案得以顺利实施，给法、美两国都带来了巨大的福利。

由此可见，自控力是成功的前提和保障。在激烈的竞争中，唯有善于自控、懂得反省的人才能战胜欲望、超越自我，进而获得别人的尊重，取得最后的成功。这是因为一个有着良好心理自控力的人，不论在任何场合和时机都能够有效地排除内外部的干扰，做出客观正确的决定。《孙子兵法》中有“忿速，可侮也”的论述，说的就是要想做好团队的领头羊，就必须具备良好的个人修养和强大的自我控制能力，经得起打击，受得起委屈，有收有放，能屈能伸。

《三国演义》中有这样一节：诸葛亮出兵伐魏，司马懿亲率大军迎战。当时，蜀国军队远离本土，后勤供给极为困难，形势所迫，必须速战速决。司马懿早已料到了这一点，索性以静制动，任凭蜀军如何叫骂，坚决不肯出兵迎战。最后，诸葛亮派人给司马懿送去了女人的衣服，以此来羞辱和激怒司马懿，可司马懿依旧沉着冷静，洞察一切的他不急不怒，甚至当着使者的面把衣服穿在身上。他的这种克制和冷静，令诸葛亮深感钦佩，蜀军也只能不战自退，就这样，沉着稳重的司马懿不损一兵一卒取得了战争的胜利。试想，如果司马懿在诸葛亮的羞辱之下“忿速”，被其激怒而前来迎战蜀军，那么就中了诸葛亮设下的圈套，必有全军覆没之虞。但司马懿能够很好地控制自己的情绪，理性分析战局，最终赢得了整场战争。

古语有云：“所就者大，则必有所忍。”智者所谋远，所图大，眼光长远，善于自控，才不会因小失大，不会感情用事，并最终成就一番大事业，顺利登上人生的巅峰。

自控之前要自知

“控”就是自我控制，即自控力。自控能力的有无和强弱是一个人能否制胜的关键，不能自控的人，根本谈不上战胜自己。唯有善于自控的人，才能弥补不足、去除恶习、压制邪念、抵挡诱惑、改过自新、日有进益。然而，在日常生活中，我们更多地将自控力放在了“控”上，反而忽略了“自”的方面。事实上，想要具有足够的自控力，首先必须听从自己内心的声音，了解、认识自己，才能精准地把握自己——我在做什么？为何要这样做？是否能够抵制外界的诱惑？

乔布斯说：“听从自己内心最真实的声音……认识自己是人生最大的方向和最终目标。”只有真正了解自己的人，才有资格掌控外面的世界。因此，自控之前必须要有自知之明，要有足够的自我意识。自我意识在人的发展中并非天生存在的，而是后天逐渐形成的。美国心理学家通过镜像自我实验证明：人在两岁左右时会形成基本的自我意识，虽然动物也同样会在镜子中找到自己，但它们根本无法解释和理解这样的现象。所以，自我意识是人类所独有的。

著名的心理学家、精神分析学派的创始人弗洛伊德提出：人的意识有意识、前意识和潜意识之分，并据此把人的自我意识人格分为本我、自我和超我三部分。其中，“本我”（完全潜意识）代表欲望、本能，是遇到事情后的随心所欲和任意妄为，是一种及时行乐的冲动；“自我”（大部分有意识）负责调节本我与超我之间的矛盾，在现实中会根据超我的要求，对本我的不合理欲望加以抑制和协调；“超我”（部分有意识）是良知或内在的道德判断，属于人类的理智部分。人的一切心理活动都可以从三者之间的联系中得到合理的解释——自我是永久存在的，超我和本我相互之间几乎是永久对立的，由此就需要进行自我调节，尽力协调本我与超我之间的矛盾。人的自控系统就是自我，可以从中协调两个不一样的“我”，即肆意妄为、冲动的本我，以及努力克服冲动、深谋远虑又理智的超我。在自控系统的维持下，每个人都保持着健全的人格气质特征，否则，人们就会出现各种心理、生理方面的疾病。

假设有一个糖尿病患者，酷爱吃糕点。当面对美味糕点的诱惑时，本我会告诉他：“吃吧吃吧，喜欢的食物就在眼前，为何不吃？”而另一个理智的超我则会告诉它：“超重有害身体健康，甜食害人不浅，只有抵制甜食的诱惑，才能够维持血糖平衡。”此时，自控系统就会从中做出及时的调整，既保持自己爱吃甜食的本能，也告诫自己不要做有害身体健康的傻事。于是，这个患者就会做出最佳的选择，采用适当的方法来抵制甜食的诱惑。可见，自控力是以自我意识为基础，而自控系统的执行更需要人的意志力。

所谓意志力，就是控制自己的注意力、情绪和欲望的能力。意志力会影响到一个人的社会交际、身体健康、事业成败等。意志力薄弱的人总是习惯拖延，喜欢把事情留到最后去做，最终因为时间紧迫而草草了事；而具有坚强意志力的人则能够排除万难，坚定自己的信念，出色地完成工作任务。苏联作家奥斯特洛夫斯基在双目失明的情况下，采用向人口授内容的方式，以坚强的毅力完成了长篇小说《钢铁是怎样炼成的》；美国女作家海伦·凯勒自幼双目失明，在莎利文老师的教导下学会了盲文，并成为一个社会活动家，到世界各地积极演讲，宣传助残，最终写就了自传散文《假如给我三天光明》；我国著名的生物学家童第周在读中学时曾因平均成绩 45 分被学校勒令退学，但他执意补习，通过一年的刻苦努力后终于名列前茅，并在留学比利时期间，完成了常人无法完成的青蛙解剖实验。

当我们因某件事情而难以抉择的时候，我们会清楚地意识到自己此刻需要强大的意志力，否则大脑指令就会轻易地去选择本能的、容易的方向。例如，马上就要面临就业考试，而正好有一场你最喜欢的歌手的演唱会，你将会如何选择呢？犹豫不决，还是努力地压制自己的欲望去埋头苦读？此时，意志力的思维和自我意识的判定就显得尤为重要，一方面你会因为演唱会的诱惑而心动，另一方面也会因为就业考试的重要性而踌躇。此时自我意识就会启动，那么你就需要问问自己的意识：我现在最需要什么？是去听一场演唱会？还是考一个好成绩，谋取一份满意的工作？哪一个更重要？问清楚自己的内心之后，意志力的思维才会变得更加坚定不移。

通过上面的例子可以看出，意志力对于提高自控力能够起到重要的作用。不要总是找借口，认为缺乏意志力、放纵自己不过是人之常情，努力把控自己的人生，才能获得最后的成功。而想要操控自我，首先就要加强自我意志力的锻炼。意志力的锻炼过程又被称为意志力挑战，意志力挑战需要制定计划和一整套自控策略。不论你的目标是改善身体状况、磨炼工作技能、克服拖延习惯，还是减肥、戒烟等，只要你想做出改变或者完成目标，就必须首先做好一个计划。每当你准备付诸实践，就回头梳理一下当初的计划，采用最合适的方法尝试着践行这些策略，并及时总结经验，进行反思。你最想集中精力完成哪一项重要的长远目标？哪种情况最可能分散你的注意力？认真分析和思考这些步骤都有助于锻炼你的意志力，提高你的自控力，从而顺利地完成起初制定的目标。

自我意识是人类所独有的，在做任何事情之前，我们都会自觉或不自觉地考虑一下：自己在做什么？为何要这么做？也就是所谓的“三思而后行”。认识自己，知道什么是获得快乐的真正源泉，并以此来对抗其他坏习惯的诱惑；善待自己，理解身上同时存在着的多个自我，承认自己的欲望和冲动，并理性地选择相信什么、要做什么；升华自己，观察和感受自己的内心，努力地控制自己的思维和行动，你当然会更容易地实现目标，拥抱成功。

富兰克林的自控练习

本杰明·富兰克林，世界公认的伟人。他是美国的缔造者之一，著名的思想家、科学家。他参加了美国的独立战争，是《独立宣言》的主要起草人之一，他的“自由，平等，博爱”的名言奠定了美国社会整体的主流价值观。作为一名科学家，富兰克林发明了避雷针；同时，他又是一位作家、画家，并自修了法文、西班牙文、意大利文、拉丁文等多种语言，在众多领域中都做出了杰出贡献，受到世界各国人民的敬仰。人们都认为富兰克林一定是有着过人的禀赋，不然，短短的一生中取得如此多的成就，绝非常人所能做到的。这一谜题的答案直到富兰克林七十九岁高龄时才最终揭晓，富兰克林在回顾自己一生取得的成就时，认为自己是得益于“特殊习惯训练”，也就是“自控练习”。

年轻时的富兰克林缺乏自我约束能力，在很长时间内甚至连工作都找不到。但他非常渴望成功，经过深刻的自我反省后，富兰克林发现，要想成功就必须养成良好的习惯，关键在于自制和完善人格。富兰克林认为，卓越是一种习惯，要让良好的习惯伴随人生，人生才能成功。于是，富兰克林用十五页纸总结出了成功所必备的十三种好习惯，并在之后的日子里，努力把它们作为目标，找出自己身上的种种坏习惯并逐一改正。富兰克林总结出的十三种好习惯分别是：

节制——食不过饱，饮酒不醉；

寡言——言少于人于己有益，避免无益的聊天；

有序——东西放置有序，做事要分轻重缓急；

决心——当做必做，决心要做的事一定要坚持不懈；

俭朴——用钱于人于己有益，切忌浪费；

勤勉——不浪费时间，做有用的事；

诚恳——不欺骗人，思想纯洁公正；

公正——不做损人利己的事；

适度——避免极端；

清洁——身体、衣服、住所力求清洁；

镇静——勿为小事而惊慌失措；

贞节——切忌房事过度；

谦虚——仿效耶稣和苏格拉底。

在富兰克林的意识中，如果想要纠正自己身上的坏习惯，就必须在一段时间内全身心地训练自己，努力远离坏习惯，改变曾经的行为模式。于是，他给自己制定了一个个的小目标，告诉自己在一星期内只改变一种坏习惯就好。就这样，富兰克林用了三个多月的时间将十三种好习惯训练了一遍，每年可以训练三次。为此，他还准备了一个小册子，每天都认真记下在练习时所发现的问题，严格遵守自己的计划，循序渐进。为了让自己能够焕然一新，真正拥有这十三种好习惯，富兰克林还制定了严格的时间表。

清晨5时至7时：起床、洗漱、祷告，规划一天的事务，读书、吃早餐。在这段时间里，自己要思考的问题是："我这一天将做什么有意义的事情？"

8时至11时：工作，切实执行制定好的工作计划。

12时至下午1时：读书或检查账目，吃午餐。

下午2时至5时：工作，尚未做完的工作抓紧时间做完，已做完的工作仔细检查。

晚上6时至9时：整理杂物，把用过的东西放回原处。吃晚餐、听音乐、娱乐，并做每天反省。在这段时间里，要思考的问题是："我今天做了什么有意义的事？"

夜间10时至凌晨4时：休息。

这样，经过一年的不懈练习，新的行为模式逐渐建立起来，一个全新的富兰克林从此诞生了。富兰克林在十五页纸的叙述中，自始至终都认为成功的秘诀就在于自我管理，也就是我们所说的自控。他认为自控要从两方面着手：一是要管理自己的品德和习惯；二是要管理自己的时间。富兰克林认为，习惯造就人生，有什么样的习惯就会有什么样的人生。

托尔斯泰说："人们经常想要改变他人，却少有人愿意改变自己。"有的人一边豪情壮志，信誓旦旦地要做出一番事业；一边却自由散漫，整天沉迷于网游或网上聊天，嘴里抱怨着生活的不公，找各种借口拖延工作，做事情时想到哪里就做到哪里，浪费了时间不说，最后一事无成。这类人虽然知道很多成功的方法，却无法将其落实到行动上，关键原因就在于缺乏自控力，缺乏改变自己的勇气和意志力。没有人一生下来就是伟人，而最终能够成为伟人的那些人，他们背后一定有着常人无法企及的努力和坚持。

纵观历史长河中的伟人，越是成就卓越者，自控力越强。在成功的道路上，最大的困难不是缺少机会或者天赋不足，而是缺乏自控力。人只有在理性控制之下，才会做出正确的选择，而这种理性往往建立在好习惯的养成上。**好的习惯便是行动的依据，随着好习惯的建立，你会发现自己的心态也发生了很大改变，而这种改变会直接影响我们的生活，令我们在掌控自己的同时也掌控了周围的一切。**显而易见，这一切都得益于我们的自控力，自控力就是人生最强大的财富与力量。

你的自控力够强大吗

自控力的重要性想必大家已经明白了，那么你愿意接受意志力锻炼吗？很多人也许会自豪地说：我能控制自己，不需要锻炼了。但是，你确定你的自控力已经足够强大了吗？

先不要急着回答我，去看看你的床下是否还藏着昨天换下来的脏袜子。如果你认为不过一双脏袜子没有及时洗而已，算不上什么大不了的事情，那你就大错特错了。自控本来就不是什么惊天动地的大事，没有哪位学者或专家会通过大事件来判断一个人的自控力。仔细分析那些心理学实验，大部分对于自控力的研究都是从减肥、戒烟、调节休息时间等日常行为开始的。一个小毛病就可能源自一个对我们影响深远的坏习惯，日常生活中自控力的消耗往往就来自这些小小的毛病，虽然看起来微不足道，但积少成多、聚沙成塔，天长日久累积下来，对人的生活造成的影响是不容小觑的。所以，从改掉自己的那些小毛病入手，才是提高自控力的正确途径。

提高自控力的方法数不胜数，却也因人而异，这其中包含很多细节需要我们仔细地推敲。首先，我们必须明确一点：研究一件事情，既要知其然也要知其所以然，我们知道自己的自控力确实变差了，但到底是什么偷走了我们的意志力，从而导致我们的自控力变差的呢？

观察一个事物的发展，不外乎外因和内因两种。在这里，我们也可以把影响自控力的因素分为外部原因和内部原因两类。

第一，外部原因主要是我们所面对的压力以及周围的环境对我们的影响。

美国佛罗里达州立大学的心理学家罗伊·鲍迈斯特在对人们的自控力变化情况进行观察时，发现了一个有趣的现象：每当学生作业增加的时候，他们在按时完成作业的同时，一定会放弃及时洗掉自己的脏袜子。这个发现让罗伊·鲍迈斯特自己都觉得有些好笑，还得出了一个玩笑似的结论："及时洗袜子"和"按时完成作业"是无法并存的。这本来只是个一时性起、觉得有趣的想法，却在接下来的研究中被证实——当一个人面对过大的压力时，就会放弃其他方面的自控力。这是因为我们的意志力具有有限性，但我们放弃洗袜子节省下来的意志力，也没有全部用来抵抗压力，这就说明我们已经靠近失控的边界线。因此，我们要记住第一个解决自控力变差的方案：通过自我调节减轻压力。我们之所以要强调减轻压力而不是避开压力，是因为压力无处不在，根本无法避开，就如同你无法一直不换袜子一样。

还有一个外部环境的影响，非常好理解，甚至不需要心理学家的证明。在室友的影响下，宿舍里一个本来每天十点准时睡觉的乖孩子，就这样在众人的熏陶中被培养成了"夜猫子"。人都是渴望被集体接纳而且是具有从众心理的，所以永远不要忽略周围环境对你的影响，不要幻想自己可以独立于环境之外，所谓"心静自然凉"的境界是我们中间的大多数人至今无法达到的。所以，当你发现自己不知道从什么时候开始，已经染上了一身恶习之后，就一定要在改正自身的同时，想办法远离那些导致你"变坏"的"污染源"，这是我们提高自控力的一个重要方法。

第二，说到底，外部因素只是一些干扰因素，我们需要对其重视，但还是解决不了根本性的问题，因为自控力变差的主要原因其实来自我们的内部。

一是我们本身的意志力强弱。在意志力强弱方面，每个人生而不同，这和我们大脑的奖励系统也就是多巴胺有关系。不过，虽然“出身”有高低，但是这并不会制约我们之后的自控力提高。所以，我们一定要清楚地审视自己，了解并且善加利用多巴胺，令其变废为宝。这是提高自控力最根本的方法，也就是提高自己的意志力。

二是我们的行为习惯。意志力会促成好的习惯，不好的习惯会大量消耗我们的意志力，削弱我们的自控力。正如习惯晚睡就会导致睡眠不足，睡眠不足又会导致意志力缺乏一样，我们不能让一些看起来毫无意义的事情肆无忌惮地消耗我们的意志力。这就需要我们养成很好的习惯，来保证自己的意志力不被浪费，这是我们的一个重要法宝——合理使用我们的意志力。

三是偷掉我们自控力的“小偷”是我们的经验。在做事情之前，总惦记着以往的经验是一件好事，也是一件坏事，就看你怎样利用了。因为以往的经验在避免我们走弯路的同时，也难免会局限和制约我们的思维。一件依照自己以往的经验办不到的事情，不一定现在也办不到，但是以往的失败经验往往会令我们的心理蒙上一层阴影，这种凭空而来的压力似乎就是专门为了削弱我们的意志力而存在的。那么应对的方法就是一条“岔路口”：如果你自信可以把失败化作动力，那么就尽情地去尝试，不断地积累失败的经验；但如果你没有这个自信，那么还是不要令自己笼罩在失败的阴云之下，你要有自知之明。

四是我们的生理因素。意志力不是凭空而来，它需要足够的能量作保证，否则大脑就会拒绝自控，所以，当你的身体素质变差的时候，同样也会削弱自控力。因此，应对的方法就是提高我们的身体素质，让自己拥有健康的体魄。或许有人会说现在人们的生活条件好了，可自控力反而变差了，这似乎证明这个方法是有问题的。其实不然，这一方面是因为虽然现在生活条件变得更加优越，但是我们的身体素质不仅没有大幅度上升，反而是更差了；另一方面则是因为我们被看似安逸的生活腐蚀了意志力，这也是我们需要通过训练来恢复和提高意志力的重要原因。

综上所述，自控力的提高不是某种单一素质的提高就可以完成的工作，这是一个多方面综合提高的过程。在后面的章节中，我们会具体分析在不同的情况下所要采取的各种各样的自控力提高方法。

第二章

自控力养成法则

工作未完成先看电影

早上来到办公室，打开电脑准备工作，突然想起最近有几部很火的电影上映了。于是在工作之前先开始下载，然后一边工作一边等待下载完毕，以便下班回家后观看。但当工作进行到一半的时候，突然听到下载完毕的提示音，于是瞬间神游天外。在不断地提醒自己收回心神认真工作的同时，想要先睹为快的念头也越来越强烈，终于忍不住点开了播放器，自此一发不可收拾。当看完整部电影后，心满意足地准备工作时，突然听到老板要求把手中已经做完的工作交过去，心中大惊，猛一抬头才发现，自己已经浪费了好几个小时的工作时间。

为什么我们总是做不到工作完成之后再看电影呢？因为相对于工作来说，看电影是轻松的、愉快的、简单的，工作则除了复杂枯燥之外，还要担心做得不好会被上司责罚。所以，我们的大脑在选择的时候，始终会把轻松简单作为第一选项。

心理学上有一个著名的自控力实验：实验人员给每一个学生发了一份看起来很复杂的试卷和一盒很好吃的巧克力，然后告诉学生必须在做完试卷后才可以吃巧克力，老师会一直等到下课后再回来收试卷，说完之后便走出了教室。当课时进行到一半时，实验人员通过提前安排在教室里的“间谍”得知，超过百分之七十的学生已经开始吃巧克力了，但他们的试卷还没有做完一半，甚至还有不少学生是先吃完巧克力才开始做题的。

这同没有做完工作就开始看电影的道理是一样的，都是缺乏自控力的表现。学生在看到貌似很难的试卷之后，理所当然地背离了老师的要求，选择先吃掉巧克力。因为在他们看来，巧克力很好吃而且吃掉也花不了多少时间，但做完试卷却很困难。这就是一种心理效应——人们总喜欢将困难的事情留到最后。而规避这种现象的方法只有一个，那就是强大的自控力。

什么是自控力？**自控力就是我们控制自己行为的能力。自控力的一个重要表现就是控制自己不去做与本来的目的相违背的事。**换句话说，也就是强制要求自己做该做的事，甚至是强迫自己做不喜欢的事。比如，在冬天的早晨离开温暖的被窝去晨跑，又或者放弃心爱的游戏机打开学习英语用的复读机。在日常生活中，很多事情都在不断地考验着我们的自控力，你是否能控制自己的行为从而做出正确的选择，又是否能抑制自己对那些毫无益处的事物的欲望。那种只做自己喜欢的事、只图一时的痛快、只追求完全的自由等状况都是一个人自控力差的表现。

对于自控力差的人来说，在通往成功的道路上有两大障碍，那就是诱惑和消极情绪。

诱惑

对于自控力差的人来说，任何理想和志向都会在自己面对强大的诱惑时灰飞烟灭。因为对他们来说，来自外界的一点点诱惑就足以令自己分心，甚至放弃追求已久的目标。比如，当一个人打开电脑准备写作时，自控力很差的他很可能会点开游戏玩起来，而且一发不可收拾，完全没有节制。别以为这只是耽误了一点儿时间，我们的每一项行为都会消耗体内有限的精力。当我们过分地专注于一件事情的时候，会很容易忽略这种精力的消耗；但当我们停下来之后，就会突然发现自己筋疲力尽，做什么都提不起精神。这时候你还有精力去工作吗？当你完不成今天的任务时，明天的任务就变成了双倍，对于自控力差的人来说，要完成正常的任务都已经很困难，更不用说做两倍的工作。以此类推，工作只会积压得越来越多，最终形成恶性循环。试问，长期处在这样的情况下，你怎么可能成功？

要改变这一点，就需要我们拥有坚强的意志力和强大的自控力，努力抵制我们所面临的诱惑，只有这样才能重新走上成功的道路。

消极情绪

消极情绪有哪些？嫉妒、焦虑、愤怒、沮丧、悲伤、憎恨、抑郁、恐惧、痛苦等都属于消极情绪。这些消极情绪都会影响我们对事物的正确理解、判断和应对能力，严重时甚至还会让我们失去这些能力。

小贾是一名大学生。但他从小到大都很不自信，从来不愿意主动和别人交流，甚至连别人的关心也拒之门外。所以，小贾一直没有什么朋友。后来，小贾买了电脑，更是整天待在宿舍里玩电脑，不再参与集体活动，连课也不去上。因为和同学的交流少，小贾觉得自己很难融进班级这个大集体，同样，班里的同学也很少会关注到他。因此，在规劝无果的情况下，同学们也渐渐不再关心小贾去不去上课了。而且因为长时间不去上课，一些老师甚至都不知道班级里还有这样一名学生存在。一个学期下来，小贾门门功课都不及格。这样的成绩使小贾十分沮丧，更加没有心情去复习，所以在第二次补考中依然无法通过，最终被学校强制退学。

沮丧在让人失去动力的同时，也让机会稍纵即逝。不自信的小贾不敢也不愿意和别人交流，导致自己变得孤独，在面对学科考试全都挂科的情况下，又失去了继续学习的动力，自然也就错过了唯一可以继续上学的机会——补考。除了沮丧之外，愤怒容易使人失去思考的理智，抑郁又会让人觉得做事没有精神，恐惧会让人瞻前顾后、踟蹰不前，猜疑则会让朋友之间出现无可修复的裂痕……几乎所有的负面情绪都会令人们在通往成功的道路上止步不前。

不愿意行动，不能正确地思考，抓不住易逝的机会，在这种情况下，成功的道路当然会被堵死。**虽然我们无法避免负面情绪的出现，但必须要将负面情绪控制在一定的限度之内，这样才能把这些负面情绪转化成动力，成为成功道路上的助推力。**

不论是面对消极情绪还是诱惑，解决它们的办法都只有一个，那就是努力提高我们的自控力。在之后的章节中，我们会完整地向大家展示一些提高自控力的方法，以及需要注意的几点问题。当你认真地学习了这些之后，相信你就能很好地控制自己的行为和生活。

我想要和我能要

我们来提一个小小的问题：什么时候会需要自控力呢？你大概会不假思索地说："控制欲望或者抵制诱惑的时候。"好的，我们继续提问：什么又是欲望和诱惑呢？"不就是想要的东西或事情嘛！"你想吃巧克力，但是巧克力吃了会发胖，所以你必须控制想吃巧克力的欲望。此时，诱惑同样来自你想吃巧克力，正是因为你想要，所以你才会觉得超市货架上的巧克力在不停地诱惑你。因此，我们的结论是：因为"我想要"，所以产生了欲望，而"我想要"就是我们需要自控力的原因。

欲望来临的时候，人们嘴里常会说"我毫无意志力"，这是因为当我们的身体开始产生某种需求的时候，我们根本没办法拒绝自己的欲望。但同时，在我们的心里也会做出一个判断：我不可以去吃巧克力。这便是"我不要"，也就是自控力的表现。

事实上，在日常生活中，"我不要"的使用范围是很广泛的，但似乎用错了方向。尤其是对于大部分年轻人来说，拖延症患者最喜欢说的就是"我不要"。其实，当我们在面对自己想要推到明天甚至是明年的事情时，我们反而要告诉自己"我要"！正如即便巧克力有再多的诱惑，你的意志力也会逼着你离开货架，这就是"我要"的力量。

“我想要”“我不要”“我要”三者共同构成了我们的自控力舞台。不过这听起来确实很麻烦，像绕口令一样容易令人混淆，所以，在这里我们把它简化为“我想要”和“我能要”。其中，“我想要”就是我们的欲望，判断之后把不合理的欲望丢掉，从而剩下了合理的“我能要”，这就是自控力的表现。

自控就是控制自己。那么，我们为什么不在欲望来临也就是“我想要”的时候把欲望统统地消灭掉，而非要留下一部分“我能要”呢？首先，因为欲望是人类的一种正常情绪，事实已经证明“存天理，灭人欲”的思路是错误的；其次，因为这正是我们人类所独有的一种力量，而这种力量能够帮助我们选择正确的，摈弃错误的。

因为在“我能要”的过程中，我们会明白自己真正想要的是什么。当我们想要吃巧克力或者好好玩会儿游戏的时候，你明白自己想要的其实是苗条的身材和提高业绩之后的加薪。只有想到这些你才能克制住自己一时的冲动，而这才是自控的关键，即你要时时刻刻明白自己想要的到底是什么。

要想弄明白自己想要什么，首先要做的就是了解自己。人不同于其他动物的一大特点就是——我们拥有自我意识，在这种自我意识之下，我们可以很好地了解自己在做什么，为什么要这么做。所以，如果只是一味地禁止自己做某些事只会适得其反，要真正做到自控，就必须首先了解自己内心的期待。

那么，怎样才能正确地了解自己内心的期待呢？

找到自己想要什么

大部分人都不是很清楚自己究竟想要什么。走在路上看见别人帅气的打扮，就想着也许这就是自己想要的，于是开始健身；然而在去健身房的路上又遇到了一位美女，结果本来用于健身的钱就变成了晚餐、电影票和鲜花；美女和你逛了一天后，彬彬有礼地告诉你回去太迟的话男朋友会不高兴，于是沮丧的你又开始和朋友们一醉方休；结果，本来以为自己会挥汗如雨、锻炼出来八块腹肌，如今仍旧是令人沮丧的一块肥肉，直到坐回办公室，你才想到原来升职加薪才是自己最想要的！

人的精力是有限的，所以不可能什么事情都去涉猎和尝试一番。当然，也可以把我们喜欢的事情尽可能地都去感受一番，然后，从中选出自己真正感兴趣的那一项。

根据自己想要的做出正确的选择

已经知道了自己真正想要的为什么还要继续选择呢？这是因为大部分时间，我们基本处于一种纠结和矛盾之中：想要自由的工作时间，又想要可观的薪水报酬。但鱼和熊掌兼得并不是一件容易的事情，所以，我们必须根据自己想要的去仔细分析并做出选择。

小王是一个大学毕业生，不同于其他向往赚大钱或者掌大权的同学，他只想找一份薪水不错而工作时间又很自由的工作。于是，他选择了教育行业，但他很快发现这和自己希望的生活完全背道而驰；于是，他又选择了销售，时间倒是自由了，但是因为性格上的原因，惨淡的销售成绩使得他只能拿到很少的薪水；最终，他选择了做一名自由撰稿人，既不需要大块儿的时间待在同一个地方，又有虽然不高但是足以应付生活的薪水。这时候，小王理想中的生活才渐渐浮现出来。

想要做出正确的选择，除了像小王一样不断地体验和探索之外，还有一点是非常重要的，那就是要有勇气舍弃。想要在自由的工作时间和可观的薪水中间达到一个平衡点，很多时候就需要我们舍弃掉一部分东西。如果不想承担失去的痛苦，那么就很有可能被卡在中间进退两难，最终既挥霍了时间，浪费了精力，又惨淡落幕、一事无成。

了解了自己想要的，又选对了要走的道路，那么剩下的就只有一点了——坚持

这就相当于在“我想要”之中选出了“我能要”。那么坚持又是什么呢?就是自控。知道了“我能要”什么之后，就可以按照规划去执行；同时，对于“我不能要”的部分也可以有计划地去抑制。

“我想要”和“我能要”就是我们进行自控的两个不同的阶段。当“我想要”出现的时候，就是我们需要自控的信号，因为我们具有自我意识，可以清楚地知道自己在做什么，所以这时就需要“我能要”来判断到底什么才是我们真正的追求。一种情况是为“我不要”提供动力支持，例如我要减肥，就是我不可以吃巧克力的动力支持；另一种情况是为“我不要”提供理由，例如不去片面追求高薪的理由就是，我想拥有宽松的工作时间。

当你可以轻松掌握从“我想要”到“我能要”的过程时，就可以开始良好地掌控自己的时间和生活了。

设定一个合理目标

自控力是人类的本能，但是想要拥有良好的自控力，却需要不断地训练。既然需要训练，那就一定要树立一个目标，很多人之所以会在意志力训练中屡屡失败，就是因为目标选择得不合理。可是，为什么不合理的目标会导致失败呢？

在这里，我们用两只猴子的故事来进行说明：两只猴子都想成为一个真正的人，一个可以自律的人。第一只猴子看了进化论，知道生物都是不断进化的，所以它认为现在什么都不用做，只要日子一天天地过去，自己就可以慢慢地进化成人类。于是，每天的生活同往常一样，日复一日，年复一年，终于，这只猴子忘记了自己要变成人类的理想。第二只猴子，看了几本成功学和励志学的书，于是给自己定了许多目标：不准随便爬树、不准吃生的食物、必须要穿衣服、必须学会思考等。但猴子一般都是急躁的，第一天，它为了控制爬树的欲望把自己绑在了一棵树下，饿得奄奄一息；之后，它开始生火，打算把摘来的果子烤“熟”了再吃，结果果子没烧好，倒是把自己的一身毛燎了个精光；最终，在找衣服穿的时候，它被人抓住变成了马戏团中的一员。虽然它时时刻刻和人生活在一起，却离成为人的终极目标越来越远。

不管是人还是猴子，我们的能力和精力始终都是有限的，如果我们设立的目标高于或者低于我们的能力，那么结果都会是失败的，区别只是完全没效果和效果不符合目标而已。

那么，我们要怎样设立自己的目标才算合理呢？首先，必须明确自己的目标。这一点我们在前面一节中已经有了详细的论述，那么，接下来就是怎么设置目标的问题了。

1967 年，美国马里兰大学的心理学兼管理学教授洛克（E.A.Locke）提出了“目标设置理论”的学说，经过将近半个世纪的检验证明，“目标设置理论”是完全可行的，而且有着不错的效果。如果你对设立目标没有什么心得，那可以从中得到一些启示。

目标要有一定难度，但又要在能力所及的范围之内

为什么目标需要有一定的难度？洛克教授的理论认为，目标难度越高，大脑得到的满意度也就越高。对于进行意志力锻炼来说，如果目标没有难度，那就完全失去了锻炼的意义。一项没有意义的活动通常不会有什么人去经年累月地坚持，即便坚持了又会对我们的目标有什么帮助呢？就如同第一只猴子一样，只是在等待顺其自然的变化，却忽略了没有外部的压力，自身是不会主动进化的。

使目标有难度的同时，又必须使其在能力范围之内，因为超出能力范围的目标我们根本无法完成。不要说过程和结果一样重要，对于意志力锻炼来说，没有结果，过程就毫无意义。所以，在设立目标的时候，必须要将其控制在我们的能力范围之内。

目标要具体明确

设立目标的时候要尽可能地细致。比如说目标是练一手好字，那么我们就要设置每天的应完成量，即每天练习两小时之类的具体目标。任何质变的前提中都必须有量变，没有量的积累是不会出现质变的。所以，要想让自己的字变漂亮，

就必须分解和明确目标，在找对学习对象的同时，进行持久而大量的练习。

必须全力以赴，努力实现目标

懒惰是人的本性。如果你在设立目标后不立刻去努力完成，那么这个目标就很有可能被你遗忘；同时，为了更好地完成目标，我们必须全力以赴。正如前文所说，目标的设置一般都会偏难，如果掉以轻心，很可能就会完不成或者彻底失败。所以，当你设定了目标之后，一定要有约束自己的方式。假如你设定了某个方面的目标，就可以把这个目标告诉自己心仪的异性，这时，你就会在懒惰和懈怠的时候不断地鞭策自己，从而使自己拥有较强的自控力。

短期或中期目标可能比长期目标更有效

小时候经常听到一句话：有志者立长志，无志者常立志。很多人都会误读这句话，认为既然要立志，就必须是长远的大志向，比如说成为伟人，又比如说成为世界首富。诚然，志向越高，将来的回报也就越大，但你的动力却不一定越足。因为我们虽然可以把自己“立即得到”的欲望延迟，但这种延迟不能是无限制的；一旦我们长时间不能得到满足感，就会失去完成目标的动力。

而短期目标则不同，比如说我们这个学期的目标就是学完一门学科，这就显得容易得多，也很容易获得满足感。但如果你制定了一个几乎不可能完成的短期目标——决定这个学期内必须拿到这个学科的学位，那就是一件很困难的事情了。

要有定期反馈，或者说，需要了解自己已经向着预定的目标前进了多少

要明白自己的进度。如果你只是闷头往前冲，很可能当你冲出一段距离之

后，才会发现有很多通关所必需的“道具”遗失在了半路，这就需要你花费更多的时间回头重新来过；也有可能你冲了好久都没有看到终点，从而产生了疲惫感和懈怠感。此时，只要能够定期地回顾自己的情况，就可以感受到自己的进步，从而提高自己完成目标的动力，并且还可以审视自己之前的成果，及时纠正犯下的错误，从而令自己的每一步都走得更踏实。

应当对目标达成给予奖励，作为将来设定更高目标的基础

优秀的老板总是会在员工达到一定成绩之后，对员工提出表扬和奖赏，即便这个员工还没有完成手中的最终项目。为什么呢？因为当我们在追逐一个较大的目标时，期望将它转化为短期目标是不可能的。但面对长期全力以赴的工作，只有得到一定的奖励，才会令我们有继续走下去的动力，而且奖励越高，继续下去的动力也就越足。

在实现目标的过程中，对任何失败的原因都要抱以客观的态度

谁也不能保证自己的目标就一定能够完成，当遭遇失败的时候，我们必须拥有一个良好的心态和端正的态度。首先，我们要知道这是我们自己的失误，不能不分青红皂白地把责任推卸给别人，这是一种不负责任的态度，也不利于我们发现自己的问题；其次，也不能把所有的问题都揽到自己的身上，然后自暴自弃。要仔细分析清楚原因之后，整合经验，做好下一次出发的准备。

明确了自己想要的，并且设立了合理的训练目标之后，我们离良好的自控力就更近了一步。但在生活中，依然存在很多问题需要我们去解决，唯有持之以恒地投入精力与热情，我们才能真正做到掌控自己的时间和生活。

计划越详细越好

很多人为了尽可能地提高自己的目标难度，同时又不让自己设定的目标无法完成，通常在设定的时候会加上一句："尽最大的努力去完成。"

但是，斯坦福大学的心理学教授在研究的过程中发现："尽最大的努力去做"这种目标对于目标的实行者来说，其实是很模糊的，因为"最大的努力"给了他们太大的弹性空间。人们并没有一个统一的标准来确定自己到底做到什么程度才算尽了最大努力。正是因为这种内在的模糊性，使得人们在自我评价的时候同样具有了很大的弹性：除了少部分人会不断追求完美之外，大部分人只要做出一点成绩就会对自己的努力感到满意，此时，他们就没有足够的动力去追求更好的成绩。所以，"尽最大的努力"这种目标虽然看起来很有挑战性，但在实际应用中的效果却并不像人们想象中那样理想。

因此，我们在选择了正确的目标之后，还有一件重要的事情是我们必须处理好的，那便是目标的清晰度。如果想让设立的目标成功地引导我们去努力，那么这个目标就必须是清晰和具体的。只有这样，我们才能直接知道自己要干什么，而不是在行动前还需要玩一个你猜我猜的游戏。简而言之，就是要求我们在制定目标的时候必须尽可能地做到细致，这样才不会让自己的努力打折扣，同样也会清楚地知道自己的每一步该做些什么。其中，目标的清晰度包括目标任务的内容和方向、最后的完成期限以及应该达到的绩效标准等多方面的内容，我们也要相应地设置清楚这些方面的要求。

当然，要让我们自己去钻研上面的一大堆理论，以及研究怎么去设定合理清晰的目标无疑是一件很麻烦的事情，因此，我们可以借鉴别人的一些先进方法。微软和谷歌等国际性的大型企业在指导员工设置全年工作计划的时候，总会提出一个统一的要求，那就是必须遵守 SMART 原则。

什么是 SMART 原则呢？ SMART 分别是五个英文单词的缩写，这五个单词所代表的含义是：Specific（具体的）、Measurable（可以衡量的）、Achievable（可以达成的）、Realistic（实际的）和 Time-bound（有时间限制的）。

Specific：目标必须是明确具体的

很多人的努力之所以会失败，是因为自己所制定的目标模糊不清。所以，我们在设置目标的时候，必须要用明确具体的词语或者数字来表示。

很多人都会有去大学里面逛一逛的习惯，校园中有一个地方大家应该都比较熟悉，那便是考研教室。所谓的考研教室就是一群准备考研的学生，把一些没有上课任务的教室长期占为己用。考研教室一般是拒绝普通上自习的学生入内的，时常还会出现学生因为考研教室内的一个座位而争抢不休的情况。很多学生都会一整天泡在这些考研教室中，然后在报名时自信满满地报考一所好学校，他们认为自己整天待在考研教室里学习，一定能够考个好成绩。但在考完后就会发现，这些标榜自己一整天都在学习的学生未必都能考得上，反而是那些并不讲究学习场所，也不四处张扬的学生中榜概率更大。

为什么会出现这种情况呢？因为“一整天学习”本身就是一个模糊的目标，因为你并没有规定自己一整天要学习多少，即便是你确实一整天都在努力认真地学习，但依然没有规定自己需要努力到什么程度。要知道，学习最重要的不是学了多少时间，而是学了多少内容。如果我们将目标设定为“今天必须学完一章的内容”，这样目标就很明确了，有了明确的目标，自然就可以随时查看和审视学习进度。也正是基于此，“期待的奖励”才会使我们更有学习的动力。

Measurable：目标必须是可衡量的

这里的可衡量是指目标的进度必须是可以跟踪的。如果你设定了明确的目标却无法跟踪其进度，那就意味着你无法知道你已经完成了多少工作，同时也无法知道你还需要继续多久才能完成，此时，自然也就无法做到详尽而完善地规划你的目标。正如上面的例子，考研教室里的学生只有一个目标，便是一整天地学习，却并不知道自己具体要学多少；这还不是最可怕的，最可怕的是他们不知道自己应该学多少内容，反而给自己设定了学习时间。而人的精力是有限的，自控力也是会消耗殆尽的，在这种情况下，自控力不足的学生很可能只是在教室里百无聊赖地坐够了一整天，其结果自然不言而喻。至于那些因为过于宏大而无法具体衡量的目标，如成为一个伟人等，其实已经不能称之为一个目标，只能算是一种理想，也就更加无法得知应该怎样去实现。

Achievable：目标必须是可达成的

我们设定目标的目的就是完成，然后达到锻炼意志力的效果，所以不能只是为了设定目标而设定。比如规定自己每个月要学完一门学科，并且在期末拿到这些学科的学位。这个目标乍看起来似乎既有详细规划又有明确目的，但对于我们来说，显然是无法实现的。因此，这种无法达成的目标设定得再详细也没有意义。

Realistic：目标必须是现实的

这里的现实是指，目标必须是和你的生活实际相关联的。比如对于一个上班族来说，不论是锻炼意志力还是学习别的东西，都不应当与你的工作脱节。假如你给自己制定的锻炼意志力的目标是每天打六个小时的网球，这明显就和你的工作时间起了冲突，那么这个目标就是不现实的。

Time-bound：目标必须是有时间限制的

我们在具体规划目标细节的时候，要尽量避免使用“在最短时间内”“尽快”等不确定性的词语。这同样会模糊我们的目标：最短是多短？尽快是多快？有拖延症的人会认为，自己一天能写完一千字的稿子就已经是尽快了，但这显然不符合我们真正的要求。所以，必须要做出明确的规定，比如在考研复习中，规定必须在一个礼拜内复习完这个知识点、一个月内复习完一门学科等。

所以，我们在设定目标的时候要尽可能地细致，规定好每一步需要怎么做，需要多长时间，这样才能很好地完成自己的目标，达到预期的效果。

接受阶段性挑战

我们在讲怎样设立正确的目标时曾经提到过，中短期目标一般会比长期目标更容易实现，而且行动起来也更加有动力。但在很多时候，我们的目标根本无法在短期内完成，比如一个高一的学生为自己设立的目标是考上北京大学，那么，他就必须要经过高中三年的努力，这个时间是固定的，无法逾越的。

遇到这样的情况应该怎么做呢？我们可以把长期目标分成若干个小目标，分段来逐一实现。比如要先成为班级前五名，然后是班级第一名，接下来是年级第一名等。在这个过程中，我们就可以把每一个阶段的目标都设定好，实现阶段性的挑战。

为什么要强调应该接受阶段性的挑战呢？因为对于长期目标来说，你要完成它至少也要花费数年的时间，看起来似乎遥不可及。此时，一个个小的阶段性挑战就会不断地给予你成就感和前进的动力，当然就显得尤为重要了。

小梁是一所名牌大学的高才生，再加上自己的综合能力也不错，所以找起工作来并不怎么发愁。但他最近突然心烦了起来，因为他发现自己几乎没有一份工作能够长期地坚持下去，不是不喜欢这份工作就是嫌工资太低，要不然就是觉得工作不适合自己……每隔一段时间就会有各种各样的理由导致他辞职，换了很多工作之后依然如此。

小梁的问题其实很正常。因为我们的精力和意志力都非常有限，什么事情做久了，都会有力不从心的感觉，再加上自身情绪周期的影响，很容易产生厌倦和烦躁之感。这样的感觉每产生一次，就相当于我们的一个工作周期，一般来说是三个月，而自控力差的人甚至不到一个月就会出现一次。但是只要坚持过这个周期，我们的工作状态就会进入另一片天地，工作能力也会大幅提高。

对工作而言是这样，对于我们实现长远目标来说也是如此。比如考上北大的目标，在漫长的实行过程中，总会有很多突发的情况令整个计划破产。可能在高二的时候突然迷上了玩游戏，或者是喜欢上了某个异性并进入了热恋状态，又或者因为学习难度的增加突然觉得不堪重负等。而当我们把长远的目标分成若干个小目标时，这些障碍就成了每个阶段的难关，也就是该阶段中我们需要着重挑战的对象，一旦战胜了这些挑战，我们就能通过一关，并且继续走下去。比如在高二时功课难度突然加大，这时很多学生的成绩都会下滑，如果因为这个而放弃，那么考上北京大学的目标无疑就会失败。这时候的正确做法是努力学习，争取在短时间内快速地适应新的学习难度。如果你达成这个小目标就是成功地挑战了自己，此后，就可以再像以前一样按部就班地学习，同时，距离你的最终目标也就更近了一步。

也许有人会问，如果没有遇到这些问题，是不是就不需要接受阶段性的挑战了呢？当然不是。我们不但要接受阶段性的挑战，还应注意做到如下几个方面。

提高我们的目标承诺

我们都知道，任何质变的前提都必须有量变，而量的积累有时又是一个无比漫长的过程。即便我们已经细致地划分好每一个小的阶段，但时间久了依然会感到枯燥，这时，就需要提高我们的目标承诺。所谓目标承诺，就是我们对完成目标的决心，这对我们持之以恒地达到目的具有很大的影响。每个阶段性的挑战都相当于一次打 boss，玩过游戏的人都能体会打败 boss 时的那种满足感。因此，有了充足的决心之后，每次成功地完成一个阶段性的挑战，那种满足感都会使我们更加坚定向最终目标前进的决心。试想一下，每打败一个小 boss 就会距离打败最终的大 boss 更近一步，我们还有什么理由不努力坚持呢?

激活我们完成目标的激情

在“目标设置理论”中有一项叫做满意感。当一个人经过重重努力终于实现目标之后，如果能得到他预料之中的报酬和奖励，那么这个人就会感到满意；如果没有得到自己预料中的报酬和奖励，那么这个人就会感到不满。这样看来，似乎是容易的目标比较容易带来满意感。但对于设定挑战目标的人来说，还存在着一个困扰，那就是当同样一个奖励重复领取多次以后，就不再会令人产生满意感了。

此前讲过一个关于猴子的故事，它在慢慢地等待按照进化论的规律进化成人类，但由于时间太长，最终竟然忘记了自己的目标。同理，当我们的目标太过长远的时候，很容易产生厌倦心理，即便你已经将其划分成很多小目标，并且清楚地知道完成这些小目标就会到达终点，但当你于忙碌之中抬起头来，看见目标依旧遥不可及时，就会产生一种疲惫感和无聊感。而当你保持充沛的激情，每一次的阶段性挑战都全力以赴，这时不光你的精神力会高度集中，你的整个大脑也会兴奋起来。如此，长久工作的麻木就会瞬间消失，令我们再次充满激情地上路。

提高我们的最终成绩

我们之所以会设立目标，本身就是为了挑战。既然是挑战，自然是越接近自己的极限越好，但为了不超过自己的极限，我们必须把目标的难度控制在一定的程度中。每当我们完成一个小目标时，都会提高一点点难度。也就是说每完成一次阶段性挑战后，我们的能力都会比开始时有一定的提高，智力水平以及意志力和精神力也会相应地提高，在下一阶段的工作中，自然就会具有更高的工作效率。这样继续下去，自然也会提高我们的最终成绩，把我们的最终目标提高到与我们那时的水平相符的程度。

就拿考大学来说，如果一个孩子在初中的时候成绩只是中下等，那么他最开始的目标可能只是省内的普通一本院校；后来，这个孩子的成绩突飞猛进，考入了重点高中，那么他的大学目标自然也就可以提高到全国范围内的重点一本；再后来，他的成绩始终名列前茅，这时候似乎就可以把目标放在清华、北大等一流大学上了；如果成绩更为突出，还可以考虑把世界一流的大学作为目标。这就是一个循序渐进的过程，每一次的量变都比上一次的量变更大，那么最终的质变肯定也会更明显，从而实现质的飞跃。

所以，在漫长的实现目标的过程中，我们不妨让自己不时地接受一些阶段性的挑战。这样既可以提升我们的能力，又可以提高我们的最终奖励，还可以让整个挑战的过程更加有活力。一举三得，何乐而不为呢！

用正强化激励自己

正如前文所提到的，完成目标的漫长过程会使我们感到厌倦。除此之外，既然是挑战就必然会有成功也会有失败。成功了自然是好事，会增加我们的自信心；但失败后，随之而来的负面情绪则几乎是致命的，会对我们完成最终的目标造成巨大的威胁。

美国当代心理学家阿尔伯特·班杜拉曾经提出一个心理学概念，叫做自我效能。自我效能是指人们对于自己能否成功、能否有效地实现某个特定的行为目标而形成的一种自我认知和自我评价。这个评价的标准包括个体的能力、相关的经验、过去从事该工作的绩效、与任务目标有关的信息等多种资源的感知。当一个人对某个目标的自我效能感较强时，对应的目标承诺就会提高。这是因为较高的自我效能感有助于人们长期坚持同一项活动，尤其是当其面临各种挑战，需要克服困难、战胜阻碍时，自我效能感高的人就会比自我效能感低的人坚持和努力的时间更长。

当我们遭遇失败时，自我效能感就会降低，所造成的直接后果就是目标承诺的降低，这是一个恶性循环的开始。**所以，为了提高我们的自我效能感，以保证可以达到预期的目标，我们必须要用正强化来不断激励自己，提升自我效能。**

那么，什么是正强化呢？在日常生活中，当我们遇到困难的时候一般会有两种选择：一种是战胜它，然后获得奖励；另一种是逃避，然后换个方向继续下去。前一种选择就是我们所说的正强化。

研究人员曾经做过一个关于正强化的实验：一个小女孩非常害羞，不敢和别人玩耍，几乎所有的时间都和老师待在一起。老师为了使女孩能够健康快乐地成长，想尽各种办法解决这个女孩儿过于害羞的问题。当发现她喜欢来自老师的表扬时，实验者决定利用这一点来帮助女孩。此后，每当女孩和别的小朋友玩耍的时候，老师就会表扬与关注她；而当她自己一个人时，老师就不去过多地关注她。一段时间之后，这个女孩和其他小朋友玩耍的频率明显增加了。然后老师们停止了这种表扬行为，小女孩又回到了以前的状态。于是老师们再一次开始表扬计划，女孩最终在老师的帮助下成功地摆脱了羞涩带来的社交恐惧。

这个例子充分证明了正强化的作用。所以，我们完全可以推而广之，利用正强化来激励自己，让自己更好地去完成预定的目标。那么，我们该如何运用正强化来激励自己呢？

激励的方向必须与目标相一致

在进行自我激励的时候，必须要和自己打算完成的目标相一致。比如说我们的目标是提高自己的业绩，那么我们激励自己的方式就要通过提高工作能力来完成，包括工作速度加快和工作效率提高等，这样才会让你对自己的工作更有信心。但你不能通过玩网络游戏来提高自己的自信，因为那不仅对你的工作毫无帮助，还会因为游戏上瘾而影响你的工作效率，除非你从事的是网游代练之类的工作。

激励的内容必须具有正确的引导性

具有引导性就是指激励必须能让你更有动力去完成预定的目标，而不是让你突然就想丢下工作去做其他的事情，或者虽然热血沸腾但仍旧不愿意去工作。例如你的学习成绩不好，那么你给自己的激励就必须是以提高学习动力为目的，而不能把自己的注意力从本就兴趣不大的学习上引到别的事情上面，比如看小说或者逛街等。因此，错误的引导和无效的引导不仅对我们毫无帮助，还会在不同程度上拖我们的后腿。

激励的方式必须合情合理

这一点很容易理解，因为激励必须实实在在，而不能只是水中月、镜中花。拿提高业绩来说，如果你给自己的激励是只要好好干，年底就能当上老总，而你现在只是个刚进公司的小职员，这显然不合常理。即便是你真的相信并为之努力了，但到了年底，就会证明你之前的自我激励确实只是一个幻想。到时，你不但无法提高自信心，而且会备受打击。

必须让自己能够直观地感受到激励的效果

以练武术为例，你必须能实实在在地感受到自己的提高才算成功激励了自己，例如现在打套路比以前更加流畅，或者现在自己的体力比以前更好之类的效果。如果你凭空说通过正强化的自我激励，自己的内力比以前更高了，可是，你真的有内力吗？这样的说法不仅会让别人心生怀疑，恐怕连你自己也不会相信！

激励必须注重时效性

要在恰当的时候激励自己，比如你在写小说时突然卡壳了，要想点办法来激发一下灵感，激励一下自己。但当你想好怎么激励自己的时候，早已成功地度过了卡壳的那个阶段，已经能够顺畅地写作了。这种情况下，你还有必要激励自己吗？要这样迟来的激励还有什么用处呢？之前的准备岂不是完全没有作用了？所以，激励必须要有时间观念，注重时效性。

必须按照需求激励自己

当自己的意志力不够时，需要在自控力方面进行自我激励。比如不能坚持继续工作了，这时候，你可以坚持做一些小事情来激励自己，但如果你用其他方面的特长来进行自我激励，恐怕不仅起不到鼓舞人心的作用，反而会加强你辞职的念头。

在生活中，我们时常会遇到各种各样的成功和失败，当你失败的时候或者动力不足的时候，就需要用一些办法来激励自己继续前行。这时，不管是提高自己的满意度还是提高自己的自信心，都是很好的正面强化的激励方式。**我们要学会灵活地运用这些正强化激励，更好地锻炼和完善自己，从而大幅提高自己的自控力。**

第三章

职场中掌控自己

水里漂浮的葫芦

有的人在参加工作后不久便能升职加薪，甚至短短几年内就依靠自己的努力买房买车；而有的人看起来也勤勤恳恳地工作了很长时间，却一直在原地踏步。这是为什么呢?

第一，刚进入职场的时候，你觉得自己初出茅庐、缺乏经验，所以在工作中什么都不敢主动去做。你总是听领导的吆喝使唤，领导说什么你就做什么，别人不发话，你就原地待命，从来不去主动思考，也不去积极作为。你总是把积累经验当作理由来说服自己，却不见比你资历浅、工作时间短的员工都已经变成了你的上司。

第二，经理想让你去参加培训，经理助理却告诉你培训没有什么用处，这时候副经理又让你帮忙准备会议材料，于是，你的信心动摇了，没有去参加培训。一来二去别人都在准备职称晋级、考试充电，你却没有自己的方向，成了他们的便利贴，整天被人呼来喝去。

第三，看着别人升职加薪，你觉得不公，于是就开始了抱怨。或者明明很轻松就能完成的工作，因为别人抱怨工作累，你便也随大流，每次都一起抱怨几句。时间一长，老板就会认为你没有担当，还总是牢骚满腹，自然不会喜欢你这样的员工。

第四，经理和副经理因为方案出现了分歧，两人争吵起来，让你给点儿意见，但是你既怕得罪经理，又怕惹得副经理不高兴，于是只顾着和稀泥。后果是经理和副经理都不满你的态度，一致认为你没有工作能力，自然也不会给你升职加薪。要知道，企业招聘一个人是想让其为企业创造利润、价值，而不是来当和事佬。

第五，你是重点大学毕业的高才生，经理异常看重你，让你学习大量 相关的知识，你觉得受到了领导的重用，心里小激动了一把。主任几句“高才生”之类的夸奖便捧得你飘飘然，觉得自己似乎真的无所不能；而当经理敲打你几句之后，你又觉得自己备受打击，工作状态越来越差。

上面是常见的几种情况，有没有在你的身上发生过？又为什么会发生这种情况呢？归根到底只有一个原因，那便是没有自己的主见。在工作的时候人云亦云是很可怕的，因为这样既处理不好人际关系，又显得你没有突出的工作能力，你的工作状态自然每况愈下。

没有主见也就是没有意志力。一般来说，意志力薄弱的人在为人处世时都有点拖泥带水，在做决定时很容易受别人的影响。所以，我们要锻炼意志力，让自己成为一个有主见的人。

那么，怎样才能让自己成为一个有主见的人呢？

首先，强化自己的意志力。意志力越强的人自控力也就越强。有了良好的自控力，你就能坚定不移地完成自己的目标，不会一直随波逐流，以致最终一事无成。

其次，我们要用一些具体的措施来改掉随波逐流的习惯。

尽快地适应工作环境和方式

真正地融入工作团队，立足于你所在的岗位，花点时间仔细考虑你的发展方向。

通过学习提高自己的能力

刚进入职场的大学生有一个特点，那就是理论知识的储备比较充分，实践经验却很匮乏。这是一个缺点，也是一个优点。因为你有很充分的知识储备，所以，当你能够恰如其分地将这些理论运用到实践中时，就会高下立现。因此，不要相信那些“大学里学到的知识出了校园一点儿用都没有”的言论。我们的学习方式是多样的，可以向前辈请教，也可以自己在书本和实践中学习。当你具有足够的实力时，就能很快地进入状态，进而独立出色地完成工作。

有选择地接受别人的观点

每个人都有自己的工作和处事方式，适合自己的才是最好的。在职场中，要懂得有选择地接受别人的观点，我们参考别人观点的目的是佐证自己的观点，而不是去盲目地执行。

勇敢地表达自己的想法

这是在工作中形成自己的主见的一个关键性因素。只有表达自己的想法，你才会引起别人的注意，才能体会到强烈的存在感。这样，同事才会对你平等相待，一视同仁，而不会像对待便利贴那样随便使用你。

掌握一定的表达技巧，这一点非常重要

如果你终于勇敢地站出来表达自己的想法，却因为语言逻辑混乱、说话内容前后矛盾而表意不明，那别人是无法准确理解你的，这时，即使你再勇敢也没有用。所以，我们不仅要有胆量，还要有表达自己的语言能力。在我

们向别人表述自己的意见时，尽量不要用“听说”“大概”“有可能”之类的模糊性词语，这会让别人对你的观点产生怀疑。要勇敢地接触对方的目光，多用一些“我认为”“我建议”之类干脆利索的词语，这样就会增加你所表达内容的说服力。

如果你能去参加辩论赛、演讲比赛之类的活动就更好了。在职场中，除了埋头苦干的技术人员之外，所有的岗位都需要一项技能——表达自己的观点。而且你会发现，越是自信的人就越有说服力，越会表达自己的人就越受欢迎。

多读书

不只是与工作相关的书籍，还应该涉猎哲学、历史、文学、逻辑类的书籍。这些书中蕴含着人类社会几千年的文化积淀，即便你不去深入钻研，只是多读多看，那么你的思辨能力也会有所提高，自然也会提升你的工作能力。

最后，还有一种人会因为自卑而没有主见，认为自己的学历不高，也没有经验，所以不敢表达自己的观点。在这种情况下，他们要努力提高自己的自信心。比如说通过自我的肯定、满足来提高自己的自信心；又或者放低自己的心态，别人从大处着手，我们就从小处切入；再或者处理好同事之间的关系，多交一些朋友也是提高自信的一种方式。当然，最主要的还是需要加倍努力地学习，随着自身能力的提高，自然就会眼界宽、认知高，遇事时当然也就会有自信、有主见了。

职场生活中，最应该担心的是那种没主见、人云亦云的人。如果他们运气好，还可能领着微薄的薪水勉强维持生活；而一旦运气差的话，受排挤，被辞退，际遇将会更加倒霉。这样的人又怎么会有坚强的意志力和自控力呢？至于一手掌控自己的生活，就更加无从谈起。所以，我们要努力让自己成为一个有主见的人，既提高自身的能力，又磨炼我们的意志。

三思后一以贯之

我们往往会有这样一种错觉，自己之所以会受到诱惑是因为外界的影响。比如，你认为自己会上网成瘾是因为网吧遍布大街小巷，又或者自己浪费大把的工作时间去浏览那些无聊的网页是因为那些网页就摆在你面前诱惑你。**而当我们了解了有关自控力的知识以后就会明白，人们之所以会受到诱惑，很多时候问题并不在外界，而在于我们自己。所以，解决问题不光要靠改变外界环境，更要靠调整我们自身。**但这又带来了另一个麻烦：究竟哪些是我们自身的问题？我们又该如何判断这些问题呢？这显然不是三言两语就能说清楚的事，也不是一时半会儿就能琢磨明白的问题，这要求我们在做决定前一定要考虑仔细、寻思清楚。如果你无法立即做出判断，那么就先暂停下来，观察一下自己内心的变化规律，即我们常说的“三思而后行”。

现在假想这样一副场景：你正在广阔的呼伦贝尔大草原寻找食物。不远处的一只狼正悄悄地观察和尾随着你，因为它也在寻找食物，而它选定的食物恰恰就是你。狼只有动物的本能，不像人还具有高等的思维意识，所以，它并不会考虑此时是否应该自我控制，也不会嫌弃你身上的卡路里太多。它只知道自己饿了，而你就是它眼前最好的食物。这时，你该怎么办呢？幸好先辈们曾无数次面临过同样的问题，并将本能的解决办法通过基因遗传给了你。此时，你的神经会立刻高度紧张起来，心脏也会加速跳动，这并不是偶然反应，而是身体在为接下来的战斗或者逃跑做好准备，也就是应激反应。它可以让你迅速地做出选择，而不是犹豫不决地浪费时间。鉴于自己打败一只饥饿的狼的胜算很小，所以最有利于你的选择似乎只能是逃跑。但你却忽略了身后筑有村民们为了防止饿狼伤人而建造的围墙，虽然你的应激反应告诉你的是慌不择路，但很显然，我们需要另一种更恰当的处理方式。

当我们遇到危险时，第一反应就是自保，这是身体本能的应激反应。当我们遇到诱惑或者阻碍时，这种应激反应也同样会出现。那么，问题又来了，比如你在上班时间打开了娱乐网页，欲望会驱使你不停地浏览下去，但是你内心深处清楚地知道自己应该认真工作。如果单纯地依靠应激反应来解决这些问题，无疑会激化二者之间的矛盾。如果你的自控力不强，那么本能就会促使你做出错误的选择，就如同我们在遇到饿狼时，仓皇间选择了一个错误的逃跑方向一样。其实，还有一种方法，那就是放松，让自己冷静下来。让“三思而后行”登台亮相，发挥作用，与应激反应的“加速”不同，它能够减缓我们的应激速度。当意识到本能和自我控制的矛盾后，你就会放慢自己做出决定的速度，让自己有时间去思考为什么要这样做、怎么做才能做得更好。

再回到假想中的选择：冷静下来之后，你就会在决定逃跑之前考虑清楚该奔往哪个方向。左手边没有围墙的阻拦，或者是有猎人在那里看守，“三思而后行”会让你最终做出正确的选择。

毕竟，在遇到危险时，我们是不可能坐以待毙的，也不可能慢悠悠地思考该如何脱险，更不可能逃跑一段距离后又停下来重新导航，看看是否有更近的路线。危急时刻绝没有多余时间可以浪费，我们只需记住之前的判断，三思后行，一以贯之。

“一以贯之”出自《论语·里仁》一文：“子曰：‘参乎！吾道一以贯之。’”

翻译过来即孔子说："我的道是由一个贯穿始终的中心阐发出来的。"而我们所说的一以贯之，是指当自己在反复思考之后终于选择了要走的路时，就必须坚持到底。因为饿狼追你是因为它饥饿难耐，它有必须追到你的理由，再加上它拥有比你跑得快的先天优势，即使你有更加充分的理由想要逃跑自保，你仍然会落在下风，所以，你一定要一以贯之，全力以赴。

那么，我们怎样才能做到一以贯之呢？

首先，明白自己的处境。你如果实在想不通，至少也要明白现在必须跑，这点我们的应激反应已经帮我们完成了。接下来，就要考虑怎么跑，朝哪个方向跑，此时大脑会迅速调取以往不太在意的信息，让你有一个准确的判断。试想，如果你还在犹豫是继续浏览网页还是回到工作状态。那么，你可曾想到自己昨天加班到深夜才完成了工作，结果不仅错过了晚餐，还耽误了和女朋友的约会。明智如你，取舍高下立判，一旦打定了主意，说服自己就会变得简单。有人总是在抱怨：为什么同事不用加班就能出色地完成工作，还会得到领导的赏识，能够升职加薪？为什么自己每天加班，不但没有绩效奖金，还会经常挨骂？此时，你应该明白双方的差距究竟在哪里，不要为自己找借口，你总能找到可以说服自己的理由。

其次，坚持到最后。对于草原上的你来说，能够坚持到底似乎并没有什么悬念，毕竟饿狼在后，就算你再懒散，也不至于拿自己的性命开玩笑。但是一旦回到城市的现实生活中，你还能坚持到最后吗？虽然你答应女朋友今天一定会准时下班，可网站中那些五花八门的娱乐新闻总引得你浮想联翩，但看些八卦报道只能满足你无聊的好奇心，放女朋友的鸽子却铁定会令你倒大霉。这时候，就需要你具有一以贯之的精神，克制自己的欲望和好奇心，努力践行诺言，并且坚持到最后。

最后，要做到一以贯之，靠的就是良好的自控力和坚强的意志。我们必须锻炼意志力，让自己能够更好地控制自己的行为。在关键时刻，我们要凭借自控力来做出正确的判断和正确的决策，同时，自控力可以用来对付坏习惯，这也是我们要掌控自己的时间和生活的理由。

三思之后再一以贯之，是我们在职场中获得成功的一条康庄大道，可以让你直达成功的巅峰。要想成功，就要不断地努力和坚持，更需要有强大的意志力和良好的自控力。

无人监督的考验

小陈大学毕业后不久，就应聘到现在的这家公司工作。当时，他凭着出众的口才把自己说得天花乱坠，以至于面试官直接向老板推荐了他。老板见过小陈后，也大加赞赏，甚至将他的试用期从正常的三个月减少为两个月，并提高了他的试用期工资，等同于正式员工。在其他人羡慕不已的同时，小陈自己也做得非常好，每天准时打卡上下班，工作也非常努力，与工作无关的事情一概不做，更不要说在办公时间里聊天或者看电视剧了，那可是老板明令禁止的事情。

眼看还有两个礼拜，试用期就结束了。这天是礼拜天，公司安排人员加班，小陈早早地到了单位，一直忙到上午十一点，小陈才做完手里的工作。环顾四周后小陈发现，除了三三两两的同事之外，老板上午并没有在公司出现。于是，小陈打开了 QQ 开始聊天，好友十分惊奇地问："你不是加班吗，怎么没下班就开始玩 QQ 了？""老板又不在，管他呢！"小陈满不在乎地回答。时间一分一秒地过去，下班时间到了，小陈收拾好东西离开了公司。

礼拜一上班后，老板秘书突然叫小陈过去。小陈迷迷糊糊地走进办公室后，秘书把一个信封和一封辞退信给了他，然后催促一脸呆滞的他快速离开。小陈满心纳闷地琢磨：为什么自己会被突然辞退呢？走回办公桌前时，一个摄像头蓦然闯入了小陈的视线。原来，公司为了防止失窃，每个周末都会打开办公室的监控，而其中一个摄像头正好对准了小陈的电脑屏幕。

“君子慎独，不欺暗室”是几千年来中国传统文化的自律法则。“慎独”是儒家一个很重要的理念，最早见于《礼记·中庸》：“道也者，不可须臾离也；可离，非道也。是故君子戒慎乎其所不睹，恐惧乎其所不闻。莫见乎隐，莫显乎微，故君子慎其独也。”意思是，我们在一个人的时候，也能够自觉地遵守各项道德准则，谨慎地对待自己的所思所行。在职场中，“慎独”是非常重要的，这也体现了我们的自控力。《曾国藩家训》就着重地提出了“慎独则心安”的修养之道，曾国藩认为：自修之道，莫难于养心。我们既然知道善恶之分，如果不为善，却行恶，那就是一种自欺。可惜现在很多人都不知道有这一条古训，就更不用说借古训来鞭策自己了。

市场经济的浪潮下，人们都在追求高效率、快节奏的生活，对于自身的修养反而会弃之不理。经济迅速发展起来，个人修养却成了大问题。小陈就是这样一个人，明明一直做得很好，老板也很满意。但当老板不在公司里监督、全凭自律的时候，他没能很好地控制住自己，做出不合乎公司规矩的事情，当然会因小失大，丢了工作。

大多数人在人多的时候都能较好地约束自己，让自己看起来文质彬彬、谈吐不凡；而一旦离开人们的视线，各种毛病和恶习就会纷纷涌出。就如同那些光彩照人的明星一样，一边宣传着真善美，一边却因吸毒、醉驾等各种罪名进了监狱，也无怪乎有人调侃2013年入狱的明星已经完全可以凑够拍一部《监狱风云》的阵容了。

复旦大学的心理学系主任孙时进在接受记者采访时说：“‘慎独’讲究的是每个人都必须保持以诚待人、表里如一的修养，只有这样才有可能形成一个和谐、充满安全感的社会。”为什么这里要强调安全感呢？因为日常生活中处处充满压力，几乎所有的上班族都有着不同程度的焦虑症，这都是安全感引起的问题。沉重的工作压力再加上不安全感，让每个职场人都处在一种意志力随时会消耗殆尽的状态之下。

那么，我们如何才能时刻保持自律、达到“慎独”的境界呢？

首先要从娃娃抓起。良好的修养和习惯绝不是一朝一夕就能养成的。简单的习惯十几天就可以养成，但是“慎独”的养成却没有那么简单，毕竟能够真正做到表里如一的人少之又少。所以，家长应当从小就培养孩子们的自律习惯，要让他们知道什么可为、什么不可为，做错了事情就必须受到惩罚。可现在很多条件优越的家庭却在进行着完全相反的教育，给孩子从小灌输各种优越感和特权思想；一部分条件不是很好的家庭也忽略了孩子的素质教育，只是一味地让孩子好好学习，将来能够出人头地。

其次，对成年人来说，我们已经错过了从小慢慢培养“慎独”品质的时期，现在就需要我们自己去努力。

加强思想修养

很多人都不重视思想方面的问题，认为“隐念”不足为训，但很多时候，正是某个不起眼的“隐念”酿成了后来的大错。而正确的人生观、价值观有利于加强我们的意志力和自控力，自然也会有利于我们自律。

努力提高文化修养

老一辈人经常会用“文化人”来形容一些高素质的人才。从某种程度上来说，文化素质和我们的自控力是成正比的，即文化修养高的人大部分也是自控力较强的人。文化水平提高的同时，思想觉悟也会提高，这是一个相辅相成的过程。

强化自我意志

加强自我意识，我们就会更清楚地知道自己在做什么，又会带来什么样的后果。这样会更便于我们控制自己的行为，修正自己的思想，让自己成为一个严于律己的人。

此外，我们还要合理地调节自己的生活状态，让心理压力适时得到缓解、焦虑及时得到释放，以便能够更好地进行自我控制。

无人监督的考验是最难通过的考验，也是成功道路上最难迈过的一道关卡。而“慎独”就是通过考验走向成功的一剂良方，也是我们在管理自己的时间、掌控自己的生活时最直接、最有力的工具。

锻炼说不的能力

在办公室里工作的人经常会听到这样一句话："哎，帮我个忙怎么样？"这句话的威力堪比《封神榜》中的"道友请留步"。一旦答应了对方，你接下来要面对的可能就是浪费大量的时间在别人的事情上，自己的工作进度却因此而大幅度落后。长此以往，很多同事都会来找你帮忙，并且把你的帮忙当成理所当然的事情。

在职场生活中，我们不仅要拒绝诱惑，还要拒绝诸多不合理的要求，这就需要我们学会说"不"。为什么说"不"还需要学习呢？因为即便是对自己脱口而出的要求再不抱希望的人，都不能很坦然地接受自己被拒绝的残酷事实。如果你直接生硬地拒绝了别人的要求，那么在对方一时难以接受的情况下，很可能就会产生一些矛盾。和谐的人际关系意味着舒适的工作环境和工作的顺利进展，是需要我们时时小心维护的。当然，我们也不能一味地将大量的时间浪费在别人的事情上，反而耽误了自己的工作。所以，我们一定要学会在恰当的时机用适当的方式说"不"。

我们必须要说"不"的情况主要包括以下几种：

当自己或者别人没有准备好的时候，一定要说“不”

很多人为了在老板或者客户面前展现自己，总喜欢在心里还没底气的时候就一口答应下来，然后把工作揽到自己身上。要知道，想要很好地完成工作就必须先做充分的准备。即便你有一个很好的团队，也需要提前精心准备、周密组织才可以，如果还没有准备好就轻易地揽下一个项目，那么当你完成不了的时候，老板和客户就会由最开始的红脸立刻变成黑脸。期望越高，失望越大，一旦不能完成自己的许诺，就会让老板和客户更加失望，于你很不利。

在不合适的时候，一定要说“不”

当你做完手头的工作，交给老板审阅后，自己就偷得了片刻清闲。同事看你没事做，于是要求你去帮忙，这时候就要说“不”。因为老板也许很快就会指出哪些地方需要进一步修正，又或者会给你安排新的工作任务，而这时你却对老板说等一等，我先帮某某人忙完这件事，老板听了肯定不会开心。各司其职是本分，为什么你有那么多的时间去帮别人？是不是工作量太少？那个人为什么需要你去帮忙？是不是工作能力有问题？结果很可能帮忙不成反被埋怨。在不恰当的时间，我们一定要学会拒绝别人的求助。

当你过度疲劳的时候，一定要说“不”

很多人不懂得拒绝，或者说不敢拒绝。当工作量已经很大，身体也很疲惫时，老板突然又把一个任务交给你，并要求你立马完成。你觉得自己应该积极地回应，不能让老板失望，但结果往往不尽如人意，你很有可能无法很好地完成这项工作。当遇到这种情况时，一个理所当然的失败会引发一系列的不良反应。你会因为工作没做好而感到沮丧，老板会因为不满意工作的完成情况而对你感到失望。所以，你应该一开始就说“不”。我们必须要对自己的工作能力有一个清醒的认识，不要超过你的极限。

当某件事情已经不可能实现的时候，一定要说“不”

你不能幻想别人提出的要求都是经过深思熟虑的，尤其是当你面对客户的时候。很多时候，人们提出的要求只是因为那是自己想当然的样子，并没有仔细地推敲和考证过。客户至上是一种正确的理论，但这并不代表客户永远是对的，你若死板地秉持这样的理念，只会让自己疲惫不堪，还会因为效果甚微而失去他们的信任。笔者在从事教育顾问工作时，就曾经遇到过一位家长，他的女儿正在读小学，他却把她的周末排满了各种学习班。在女儿疲惫不堪的情况下，家长却认为是孩子太“懒”。当我们遇到类似的情况时，一定要勇敢地说“不”。当对客户说“不”时，必须做到一点，那就是对自己的职业了解透彻，这样才能判断哪些是真正的“不能”，而不是“你不能”。

当你做不到的时候，一定要说“不”

当你面临老板的要求或同事的请求时，一定要判断清楚自己是否有能力去完成。如果你只是为了讨好老板或者不愿意驳了同事的面子，硬着头皮答应下来，一旦你不能完成，只会更加让领导失望、同事轻视。在某些时候，我们必须承认自己“不行”，要对自己的能力有清醒的认识：什么事情我可以做到，什么事情我做不到。你可能错过了一个讨好老板或者拉近同事关系的机会，但至少不会辜负别人的信任。

当要求违背原则的时候，一定要说“不”

中国人喜欢讲人情、拉关系，很多时候，职场中也讲究各种人际关系，但是在违背原则的情况下一定要拒绝。因为这不光是职业道德的问题，也会影响到你的前途。违背原则的要求必须拒绝，没有商量的余地。

那么，我们应该如何说“不”呢？我们拒绝别人，可以通过四种方式：直接拒绝、婉言拒绝、沉默拒绝、回避拒绝。

最常用的当属婉言拒绝，当对方提出不合理的要求时，委婉地拒绝要比直接拒绝的效果好很多。比如，当同事要求你做一些违反规定的事情时，你可以通过给他讲公司的规定而让对方明白你的意思。

当我们遇到一些比较尖锐的问题时，如果一时不知道应该怎么回答，那么就可以用沉默来表达自己的意见，既拒绝了对方继续话题的可能，又避免了争执的发生。

有些时候沉默拒绝的效果很好，但如果对方是无意的，那么你的沉默就会造成尴尬和冷场。这时候，你可以回避当前的话题，用别的话题转移大家的注意力，这样既拒绝了别人，又不会造成尴尬的局面。

当然，遇到那些明知故犯并且屡教不改的人，直接拒绝无疑是最好的方式，杜绝对方的任何幻想才是解决问题的最终办法。

只有学会怎么说“不”，才能在职场生活中更好地掌控自己的时间，让自己免受因应付别人而疲惫不堪的痛苦。这对于我们来说是非常重要的。

缺乏意志力的弱者

毕业后在社会中摸爬滚打，会让昔日天真的学生变得成熟起来。他们也因此而喜欢起感叹生活来，整天在微博或者空间里发表一些自己的人生感悟，给人一种看透一切的感觉。其中的大部分人都会感叹：这就是命啊！可什么是命呢？宿命论者总是坚持一切都是注定的，一切努力都是徒劳的。但是，宿命论者也应该听听神父的故事：神父在房顶上等待上帝来救自己，上帝肯定是会帮他的，但也需要他自己先向上帝伸手才行。

前段时间，在知乎上看到一个楼主的帖子，讲的是他朋友的故事。楼主的这个朋友先是考研失败，随即一连串的倒霉事接踵而来：女朋友劈腿、考驾照时被菜鸟别停直接不合格、为了发泄心中的郁闷去踢足球又弄成骨裂、还因为这次受伤错过了一个很好的工作机会……在经历了这一连串的打击之后，他再也提不起对生活的信心了，变成了忠实的宿命论者。他认为什么都是命中注定的，没有必要坚持和死撑。

下面的跟帖中有人用康德的“二律背反”来解释，甚至还有人用量子力学来开导他的朋友，却收效甚微。倒不是这些理论不适合，而是对于陷入宿命论的人来说，越研究那些高深的东西，就越觉得自己无知，越觉得无知就越使自己感到对生活的无力，自然就更逃不出宿命论的怪圈。说到这里，我们也来提一点对宿命论者的看法：说到底还是意志力不坚强。为什么这样说呢？对于长时间处于倒霉和逆境中的人来说，古人早已为他们找到了足够的理由来解释这一切：“故天将降大任于是人也，必先苦其心志，劳其筋骨，饿其体肤，空乏其身，行拂乱其所为，所以动心忍性，曾益其所不能。”

既然有这么充分的理由，为什么不去努力？或许有人会说这不也是一种宿命论吗？也许是这样，但我们之所以要解决宿命论不正是为了让人们重新燃起奋斗激情吗？只是殊途同归而已。之所以要说这些，就是要佐证我们前面的观点：宿命论者都是一群缺乏意志力的弱者。既然你是坚定的宿命论者，那为什么要故意忽略掉上面的那一段话呢？春风得意之时就到处炫耀自己有多能耐，一旦失败就归咎于宿命，这样合适吗？总之，不要过分强调自己有多么倒霉，中国五千年的历史长河中，比我们倒霉的人比比皆是，但其中很多人甚至凭着一己之力，成就了一番事业。

只有经不起失败的人才会相信宿命论。在一次关于宿命论的讨论中听到这么一句话：“都说自己不信宿命论，好像自己真的能够掌控命运似的。”这句话看起来似乎有力地支持了宿命论，但实际上不过是混淆观点罢了。其实，宿命论和掌控自己的命运之间并没有什么必然的关系。从概率学上讲，没有什么是百分之百的，所谓的掌控命运之说根本是子虚乌有，我们所能做的唯有尽量增加好的一方面出现的概率。也就是说，当我们遭遇失败的时候，要想的是怎样才能重获成功，而不是“老天要我失败”这种无稽的借口。

还有一个让人们信服宿命论的理由是：很多人年纪越大越相信宿命，这里面甚至包括不少的名人巨匠。为什么他们会由一开始的朝气蓬勃变得越来越相信宿命了呢？孔子说过：“四十不惑，五十知天命。”随着年纪的增长和阅历的增加，很多人自认为看事情比较透彻，自以为看透了宿命，其实这只是他们主观上妥协所导致的结果。就如同一个自信的人，一旦认为自己会成功，就会加倍努力一样；而一个不自信的人已经暗示过自己一定不会成功，那么他可能压根儿就不会去奋斗争取，结果肯定是失败的，当然，他不会承认是自己不努力，而是认为宿命如此。

逃脱宿命论怪圈的方法其实很简单，就是提高自己的意志力，让自己变得坚强起来。

首先，要正确地认识自己。一定要看清楚自己的长处和短处，如果硬拿自己的短处和别人的长处去比较，你永远都会显得一无是处。所以，要努力发挥自己的长处，避免不必要的失败引起的不自信。

其次，要正确地归因。每次失败都要找到原因，比如开篇故事中的主角，他的女朋友之所以会劈腿或许是因为其专心考研而冷落了她，也可能是考研失败令对方认为他没有前途；继而学车出问题也可能是因为他之前受到一连串的打击导致精神难以集中；再到最后的踢球意外骨裂，那是由于自己在发泄式的踢球中没有掌握好分寸，用力过猛或者其他失误导致的结果。一连串的倒霉事件在同一时间出现看似一种巧合，但是你仔细分析就会发现，其实相互之间是有关联的。如果他早一点发现问题，及时调整好状态的话，就不会出现之后的一连串倒霉事件。但如果他从此坚信宿命论，认定自己是一个倒霉之人的话，那么他以后的生活也许依然会霉运不断。

第三，要学会自我鼓励和暗示。找到失败的原因后，应该努力地找寻解决的办法，告诉自己失败是有原因的，只要自己改正就可以成功。而当你真正依靠自己的努力获得成功的时候，宿命论自然就会不攻自破。

意志力薄弱的人很容易为自己的失败找借口，就像满脑子都想着不是我的错，是世界错了的“中二少年”一样，我们不能做这样的失败者。**其实，宿命论和我们并没有多大的关系，我们要明确地认识到：想要见到彩虹就必须经历风雨，想要成功也必须努力。**

第四章

社交中的自控力

肥胖、吸烟、流行病

仔细观察周围的人，你会发现身边的胖子越来越多，甚至不知道从什么时候起，连自己也变成了一个胖子。很多人把胖子增多的原因归结于生活水平的提高，不可否认这确实是客观因素。但随着肥胖、吸烟、各种互联网流行病的出现，我们不得不认真地思考一下它们产生的根源。

为什么你会吃得那么胖？很多人认为胃口好，吃得多，自然就胖了。小胖原名叫小武，在大学的时候是一个阳光开朗的男生，曾经也是叱咤校园的风云人物，更是众多学弟学妹们崇拜的对象。他本以为毕业以后自己在社会上会风光依旧，但是社会毕竟不同于学校，学校里那一套行为方式在社会上很难吃得开，很快，小武就风光不再。后来，他只能凭着家里的关系，谋得一份收入尚可的工作，过起了平稳却单调的生活。当年度同学聚会时，小武的变化让大家大吃一惊！当年的帅气阳光早已不复存在，他竟然变成了一个走两步就喘粗气的大胖子，更不要提曾经的意气风发了。其实，这已经成为一种屡见不鲜的情形了，“毕业胖”和“每逢佳节胖三斤”几乎已经成了铁律。

除肥胖外，中国的吸烟人数也居世界前列，而且还有偏向女性化和低龄化的发展趋势；再加上各种“时髦”流行病到处暴发，很多人都开始嚷嚷：“这到底是怎么了？”

其实，经济的发展使人们的生活开始富裕起来是一方面的原因，另一个原因则是在我国庞大的人口基数之下形成的巨大的竞争压力。从心理学的角度来说，人们失去自控力多半和过大的压力有关。如果你早上一到公司就听到某某人的业绩又提高了多少；下班回家时，无意中又看见邻居在楼下停了一辆新车；即使走得再快，也还是听到旁边的住户在讨论换大房子的事情；回家后，孩子还在不厌其烦地说着同班同学这个假期又去哪个国家旅游的事情。此时，你怎么能没有压力呢？又怎么会冷静地控制自己呢？这还是稍好一些的情况，对于刚毕业的上班族来说，买房买车的预算看起来都是一笔犹如天文数字般的开销，他们连休息日都难得清闲，更不要说什么旅游了。巨大的压力之下，人们很难继续保持良好的自控力，但是经过尽力的自我调控后，我们并不会轻易地爆发。这时候，最好的发泄方式便是吃东西、吸烟，或者上网打游戏。

说到这里，压力又是如何导致人们失控的呢？心理学家研究表明，当一个人压力过大的时候，就会变得情绪低落，我们通常会选择一些适合的方式让自己高兴起来。而缓解压力最简单的方法便是发泄，让自己屈服于诱惑，稍微放纵一下自己，给欲望一个侵蚀我们的机会。

心理学家通过研究发现，让一个喜欢借助吸烟提神的人去做一件他能力之外的事情时，他的吸烟量会超出平时数倍；同样，爱吃东西的人也会更加渴望吃东西。这也是为什么全身心投入到工作中的人都比较瘦，而空虚焦虑的人则比较胖的原因之一。

我们的大脑具有一定的自我调节功能。当你处于巨大的压力之下时，大脑会本能地发出指令，引导你去做潜意识认为能给你带来愉快情绪的事情。大脑中最原始的奖励系统也会被激活，让你不自觉地去选择一些可以轻松得到奖励的指令。这种情况就好像是给诱惑加上了一个增益性质的光环，让你更加难以抵抗。那么，我们应该怎样面对这种情况呢？

首先，心宽体不“胖”。古人常说心宽体胖，但是对于现代人来说，要想体不胖，必须先要让自己心宽。压力无处不在，我们没办法无视它的存在，也不可能完全消除它。这就需要我们提高自己的意志力，不是让我们变得更刚强，而是更能弹性地承受压力。通过合理的方式增强我们对压力的承受能力，改变心态则是最好的方式之一。举个例子你就会明白：对特别看重成败的人来说，失败是很大的打击，可能会使他们一蹶不振；但对不太在意成败的人来说，失败就如同感冒一般，他们甚至都不用吃药，依靠自身免疫力就可以恢复健康。

其次，消愁不举杯。古人已经说得很明白：“举杯消愁愁更愁。”所以，我们不能用放纵的方式来释放自己的压力，这样虽然见效快，但后遗症也会接连不断。很多被曝光的恶性事件中，事发时主角大多处于醉酒状态，就好比很多酒驾司机都会在交警检查时胡搅蛮缠，而当这些人清醒时，一般都是一本正经的状态。酒精会麻痹大脑神经，让大脑的判断更为简单直接，从而让人更容易屈服于诱惑。放纵不是缓解压力的良方，反而会使我们彻底失去自控力。当我们压力过大的时候，一定要通过合理的方式来释放，如运动、唱歌等。

最后，有疾不忌医。像拖延症或者网络依赖症之类的心理疾病，每个人或多或少都会有一些。这需要我们有足够的警惕去及时地发现，而后认真地对待。症状较轻或者只是有类似的倾向，那我们自行调节就可以解决；但如果这种心理疾病症状较为严重，那我们必须主动寻求心理医生的帮助。切不可像蔡桓公那样，直到“疾在骨髓”才开始求医问药，那就为时晚矣！

失去自控力的后果是十分严重的，所以我们一方面要及时地预防，另一方面也要不断地提高意志力。不光是在职场中，日常生活中也同样需要我们有足够的自控力。

无限膨胀的感觉刺激

互联网的普及使得信息采集更便捷、信息传播更迅速、信息规模也空前庞大。互联网带给我们庞大信息量的同时，也增加了我们搜索信息的困难程度。如何从浩如烟海的信息之中迅速而准确地获取自己所需要的信息，这成了信息大爆炸时代中我们经常会遇到的苦恼。

每天打开电脑，我们只需点开浏览器，就能看到各种头条新闻和重大事件的报道，下面往往还有各种爆料或辟谣的帖子。与此同时，我们也变得不知所措——到底应该怎样区别信息的真伪呢？因为信息量实在过于繁多，我们难以一一分辨清楚。同时，不知道出于什么原因，大多都是负面消息充斥其中。哪里发生了爆炸事故、哪里又地震了、哪里的病毒又开始肆虐……大量的负面消息让我们产生错觉，似乎自己生活的这个时代越来越危险，仿佛随时都会出现生化危机。

为什么会出现这样的情况呢？虽然说在信息大爆炸的时代出现各种稀奇古怪的信息不足为奇，可为什么偏偏负面消息会如此之多？有人会说这是媒体故意误导来博取大众眼球的。那么问题来了，媒体为什么会认为这样的负面信息会吸引人们的注意力呢？归根到底，我们不能完全怪罪于这个时代和媒体，而是要仔细反省一下我们的内心。

在这种爆炸式的信息轰炸下，我们不仅没有保持清醒，反而彻底丧失了最基本的判断力，陷入了“丧尸”般近乎无意识的高度亢奋中。理性的思维方式被我们弃之如敝屣，口水和板砖四处乱飞。我们一边痛斥这种混乱的情形，却又一边寻找着各种猎奇的信息来维持自己的亢奋状态。所以，到底是谁的问题也就不言自明了。

但是，在如此庞大的信息量之下，我们获取的知识却少之又少。究其原因，如果我们不加选择地全盘接受这些信息，就根本没有时间去消化，信息大爆炸反而成了我们获取知识的障碍。

那么，我们在这种情况下应当如何保证自己能够正常地获取信息呢？

我们必须提高自己的信息辨别能力

作为一个受过良好教育的人，我们应当具有正确分析和评价信息资源的能力。在获取信息的同时，我们应该不断地积累经验，提高自己的判断能力。当看到一些荒诞的信息时，我们不要随大流开始无脑地评论；必须在头脑清醒时，利用所掌握的知识去分析、判断，这样才能获取最真实、最准确的信息。

我们应当提高自己的检索能力

网络上获取信息很简单，但是筛选起来却十分困难。我们要学会通过检索来寻找自己所需的信息，可以充分利用图书馆或者各种文献检索平台，而不能抱着拿来主义的态度在网上随便搜点信息。另外，你在网上发布的信息也会被其他人关注或引用。如果你的信息本身就是错误的，那么这种错误的影响力就会成倍扩大，不仅你自己没能得到正确的信息，还可能会误导别人。

我们要选择权威性的信息平台

一般来说，具有一定权威性的平台信息来源真实可靠，会被大众所信赖。在搜索信息时，我们要注重平台的选择，不去那些专门发布小道消息的平台。

他们的消息一般都有一定的利益关联性，很可能是故意杜撰的，在真实性和准确性上有待考证，不足以作为依据。

我们还应该养成良好的学习和生活习惯

网上的信息包罗万象，我们不可能全部浏览，更不可能深入了解。所以，我们必须有选择地去寻找对自己有用的信息，此时自控力是很重要的。笔者在网上搜寻资料的时候就经常会偏离主题，很可能刚开始只是为了搜寻某一个心理学规律的实验，最后却翻到了理论物理甚至量子力学，两者跨度之大，也让自己汗颜。所以，我们要控制好奇心，明确搜索目标，然后专心致志地去做。要做到这一点，我们需要掌握以下几种更有效的方法。

要搞清楚事情的优先顺序

我们在工作时间内要做到只关注和工作相关的信息，保持足够的注意力，工作完成后的空闲时间里，再去满足自己的好奇心。

要控制自己接收的信息量

再聪明的人也无法接受爆炸式的信息量，因为大脑的接收量毕竟有限，而我们的时间也是有限的，因此，我们必须控制信息量。如果你需要专业性较强的知识，那么就去专业论坛；如果你只是一般地关注或了解，那么就去像豆瓣、知乎或者是微博这样的平台。一旦做出取舍，你就会发现自己的时间充裕了，信息量也丰富了。

必须要多看书

虽然我们可以在网上获取海量的知识，但其中的很多信息都是虚假、无用的。要想准确地判断这些信息的真伪，我们必须具备足够的知识储备。当有了一定的知识积累之后，即使在浩瀚的信息海洋中寻找和筛选有用的信息，你也会觉得简单和轻松。

要有良好的作息习惯

即便是随意浏览一些信息，一天下来我们也会觉得头晕眼花，轻则影响我们的判断力和注意力，重则会影响到我们的身体健康。历史上，司马懿曾经揶揄诸葛亮："食少事多，其能久乎。"论智慧，三个司马懿也不及一个诸葛亮，死诸葛吓退活司马就是最好的证明。但最后天下还是落在了司马家的手中，这是为什么呢？因为诸葛亮已经去世了。虽然我们日常生活中的劳动强度没有这么夸张，但是长时间高负荷地工作下去，却没有充足的休息，势必会影响自己的判断力和信息获取能力。因此，我们要学会衡量得失。

大量的信息给我们带来巨大的感官刺激，这些却不是我们的目的。如果沉溺于此，我们则会逐渐丧失判断，最终消耗掉自控力，这样的后果很严重，尤其会影响我们对自己时间和生活的掌控。所以，在信息爆炸的时代，明确的判断力和良好的执行力是必需的。

社交网络依赖症

人们常说，有两件事情改变了中国人的交际方式：一是住进了楼房；二是出现了网友。前一种是指楼房的相对孤立性造成了“对门不相识”的奇葩状况；后一种指的就是社交网络依赖症。

“忙了手指，闲了嘴巴”这句话形容的就是社交网络依赖症。自从腾讯 QQ 和微信等社交网络平台兴起之后，很多人都迷上了网络社交。甚至有人说，中国第一批打字速度超快的人就是在上网聊天时练就的，当然这多少有些夸张。

那么，究竟什么是社交网络依赖症呢？专家将其界定为：因为沉迷于网络社交和网络游戏而导致的焦虑、抑郁、恐惧、强迫或神经衰弱等症状都属于社交网络依赖症。在我们身边，有些人不论什么时候总是拿着手机，不是聊天就是刷微博，而他们就属于社交网络依赖症的患者。据 39 健康网的调查显示，超过 40% 的网民平均每天的上网时间超过 8 个小时，且近半数网民热衷于社交网站。一旦脱离网络，他们就会感到躁动不安。

网络在我们的日常生活中发挥着重要作用：通过网络，我们能够及时地了解到各种信息；闲暇时间里上上网还能打发时间、放松精神、释放压力等。只要适度把握上网的时间，它就是一种积极的消遣方式。

实际情况却并非如此，很多人一旦上网就没有时间观念，控制不住自己，对网络产生了心理依赖，就像毒品上瘾一样。很多人沉迷于社交网络中的各种经营类小游戏，在这些游戏中，他们找到了自尊和乐趣，同时，自己的意志力却变得更加脆弱，直到完全失去了自控力。

Facebook 是一个广为人知的社交网站，很多人注册的目的就是让更多的人了解自己，同时也希望能够交到更多的朋友。美国密歇根大学的心理学家伊桑·克罗斯（Ethan Kross）却有着不同的看法。他通过实验和研究证实：正是 Facebook 之类的网站让人们感到越来越孤独，越来越可悲。没有网络时，仅仅两天的时间那些受试者便觉得自己快要发狂了，他们宁愿互相吐槽没有网络的无聊时光，也不肯一起举办一个小型派对。网络交流正在逐渐扩大我们与现实间的距离，而这种距离感又让我们更加依赖网络生活，恶性循环就这样形成了。

那么，到底有哪些因素会导致社交网络依赖症的产生呢？

首先，是心理原因，这是最严重的一种情况。这部分患者大多有一定的心理问题，比如说自闭、缺乏安全感和成就感，或者渴望被认可等。当出现此类心理问题时，他们就会尝试着去满足自己的心理需求，而虚拟的网络社交正是最符合他们要求的环境。在虚拟的网络中，谁也不知道电脑的对面是什么人，也不必背负沉重的心理包袱，他们就有了充分释放自己和满足自己的机会。

其次，是家庭原因。家庭环境对一个人的成长有着莫大的影响。以前很多父母总是忙于工作，忽略了和子女间的有效沟通，孩子感受不到父母的支持和认可，就会产生心理上的缺失感。为了弥补这种缺失感，他们就只好通过其他方式来满足自己内心的需求：在网络不发达的年代互相认作兄弟姐妹；在网络发达的今天则开始寄情于网络社交。令人欣慰的是，现在很多家庭和学校都已经开始注意这方面的问题，大大改善了这一情况。

第三，是社会环境原因。我国正处于经济转型时期，人们在追名逐利的同时，也降低了相互之间的信任感；各种频发的社会冲突更是加剧了人们之间的隔阂。在巨大的工作、生活压力之下，人们需要一个宣泄的渠道，于是，社交网络就成了最佳的选择。不论是发飙还是倾诉，在这个虚拟的网络平台上，都没有人知道你是谁。在宣泄过后，第二天上班时，你依旧可以做回原先的自己。

还有一个原因则是从众心理。别人都在玩，如果自己不一起玩，是不是就落伍了？会不会因此被别人疏远？类似的心理因素也会导致一些人整天泡在网上，而这类人大多是因为没有主见才沉迷于网络。

那么，我们应该如何应对或者避免社交网络依赖症呢？这里我们要强调一点，并不是喜欢上网聊天就是社交网络依赖症。不要轻易地给自己扣上一顶有心理疾病的帽子，只有长时间且严重影响到我们的正常生活的上网才算是真正的社交网络依赖症。而且对于一般的患者来说，其实很容易就能克服它。

要正确对待社交网络，清楚我们是生活在现实当中，而非网络之中

社交网络只是为了方便联络那些分隔两地或者因为工作繁忙而无暇见面的朋友，并不是我们交友的主要平台。网络只是一种交流沟通的工具，我们要正确地对待网络社交，绝不能把时间都花费在上面，那不是我们生活的归宿。

要多和现实中的朋友进行交流，比如说参加各种集体活动和聚会

现在很多人都发起各种各样远离手机的活动，比如聚餐时不允许把手机拿出来等规定，在一定程度上较好地解决了手机依赖症。我们只要勇敢地走出自己的房间，多和朋友同事交流，依靠自我调节，就能尽快地摆脱社交网络依赖症。

要增强自己的自控力

比如出门之后，除非有事情，否则绝对不打开手机，或者你也可以把手机中种类繁多的社交软件统统卸载掉。我们给自己设定一些规矩，然后去遵守、执行，在提高自控力的同时，也能帮助自己改掉依赖手机和社交网络的习惯。

要保持良好的心态，打开自己的心扉去和别人交流

只要你用心沟通，就能在现实中得到心灵上的满足，也就不必沉溺于网络之中，去获取可怜的虚拟自尊。如果发现自己的情况比较严重，那么就要及时寻求心理医生的帮助。

从心所欲不逾矩

我们来到这个世界上，小时候在家里被父母管，长大后上学又被老师管，好不容易毕业了，参加工作又被领导管，熬到退休了，可能又会被儿女管……除此之外，还有各种社会道德、法规章程等规矩约束着我们。就连出去旅个游，走进每个景点，你都会看到各种游客须知，似乎我们的生活一刻也不得自由。为什么我们要制定这么多的条目规章来约束自己呢？我们从小就被教导过，世上没有绝对的自由，只有相对的自由。我们每个人都不完全具备足够的自律，必须用这些大家都认同并尊重的规矩来约束自己，达到自我管束的目的——不逾矩。

“不逾矩”出自《论语·为政》：“七十而从心所欲不逾矩。”意思是说，人在七十岁的时候就可以随心所欲，而且不会逾越规矩。这是儒家，甚至是很多人穷其一生所追求的至高境界。对于一般人来说，随心所欲就意味着可能会违反一定的法则或规范，而当思想境界达到足够的高度后，你就不会有逾越规矩的欲望，当然就会找到从心所欲和不逾矩的平衡点。

人都是有欲望的，自控力正是为了克制自己的欲望而存在。但是，我们都知道，一味地禁止自己不去做某件事反而会激发逆反心理，增强自己的欲望。弗洛伊德认为：人类就是充满欲望并受欲望驱使的动物，也就是说欲望是人类的本能。我们禁止自己的本能，无异于要求老虎只吃草不吃肉，它会感觉不仅难吃得要命，还会营养不良。对于欲望，我们要做的不是禁止，而是恰当地引导和温和地顺从，而顺从自己的欲望谁都能做到，但困难的是不逾矩。想要不逾矩，最简单的办法就是让自己有足够高的思想境界和超强的自控力，但这显然不是一般人可以做到的。那么，对于我们普通人来说，要怎么做到不逾矩呢？

首先，彻底地了解自己，摆正自己的位置。很多时候，逾矩并不是因为我们心存恶念，只是因为我们希望得到自己能力范围之外的东西。就如同腐败分子中的很多人一样，其实都对社会和地方百姓做出过一定的贡献。但是，在他们手中握有实权，内心欲望开始无限膨胀之后，就会奢望攫取自己不该去触碰的利益。于是，各种幕后的权钱交易就发生了。所以，我们要做到不逾矩，最首要的就是明白自己身处的位置：官员为官一任，应当造福一方，而不是想着升官发财；而学生就应该好好学习，天天向上，而不是想着整天打游戏、谈恋爱，要知道学校可是我们用来学习的地方。当想明白这些基本道理之后，你就能清醒地告诫自己："事有可为，有不可为者。"控制欲望最直接有效的方式就是让自己"不敢"。

其次，给自己建立一个完善的监督体系。没有足够的自控力，就没有完全的自律，自我监督很有必要。比如说自己要戒烟，你不能一边痛下决心戒烟，还一边趁着没人时偷偷地抽几口。我们可以请几个不吸烟的朋友在旁监督自己，或者选择经常待在一些禁烟的场所中，如此坚持一段时间，你就会从烟瘾难耐到养成不抽烟的好习惯。当你真正戒烟成功之后，你会发现，其实不抽烟也没有那么难。自我的控制再加上外力的制约，会让我们明晰那条界限并贯彻执行，这也是一种很有效的控制欲望的方式，那就是"不能"。

最后，要建立正确的价值观。想要真正做到不逾矩，光靠"不敢"和"不能"还不够。一旦出现某些不可抗力，导致你的自控力急剧下降或者直接丧失自控力，在这种情况下，即使有再完美的制约，也是无用的。所以，要真正让自己“不愿”，才能保证自己完全做到“不逾矩”。

因此，想要拥有正确的价值观就必须做到以下几点。

人生价值的实现要从自身条件出发，你有多大能耐，就做多大事业

如果你在生活中展现出了领导才能，那么你就可以去从政；而如果你从小就具有商业天赋，那么经商就是你的最佳选择；当然，如果你没有什么突出的天赋，只是芸芸众生中普通的一个，那么你只要脚踏实地，努力过好自己的生活就可以了。追求理想是必要的，但也要从实际出发，不正确的价值观大多是因为好高骛远才形成的。

要有正确的思想引导

我们要明白“君子爱财，取之有道”的道理。有欲望并不可耻，有可能让人感到可耻的其实是实现愿望的方式。名车豪宅谁都喜欢，但我们一定要有正确的思想引导，用正确的方式去努力争取，以满足自身的欲望。人们有时会同情某些犯罪者，认为他们往往是被生活所迫，却没有看到犯罪者超出自己能力之外的欲望，更没有看到他们可耻的实现方式。打个比方，你有一百块钱或者有把握挣到一百块钱，那么你就可以有一百块钱的欲望；反之，如果你没有这个经济能力，那么你就应当降低自己欲望的标准，而不应试图不劳而获。

要有良好的自律性

良好的自律和正确的价值观是相辅相成的，良好的自律会促使正确的价值观的形成；同时，正确的价值观也会保证我们拥有良好的自律性。正确的价值

观建立之后，我们还需要不断地去完善，就好像国家法律肯定是想约束好普通民众的，但是为什么社会上还有很多问题没有解决呢？一方面是因为法律体系的不完善，另一方面也在于公众自身的自律性不强。所以，我们不光要懂得什么是“善”，还要主动“为善”，这样才能真正做到“取之有道”。

我们从“不敢”到“不能”再到“不想”，这是一个逐步做到“不逾矩”的过程。

不可遏制的欲望

星期五下午的五点钟，离下班还有整整一个小时。这个周末应该怎么度过呢？在杂志社工作的杨青心不在焉地在键盘上快速地敲打着，心里却思索着周末的安排。“你这写的都是什么东西！”主管把杨青刚刚交过去的稿子摔到她的桌子上，气愤地转身离去。主管严厉的批评把她从幻想中拉回现实，翻开自己上交的稿子一看，且不说错别字连篇，文章中的很多句子读起来也让人感觉语无伦次。发现问题后，杨青只能无奈地开始修改稿子，心里却惦记着最近那部很火的电视剧，此刻她恨不得立刻下班回家追剧。这一个小时仿佛一天那样漫长，她感觉分分秒秒都很难熬。

“杨青，今天改不好稿子，就别下班了！”杨青早已飞向天外的思绪再次被主管愤怒的声音带回了现实。看了看盛怒中的主管，她强行排除掉大脑中的杂念，全身心地投入到工作中去。即便如此，杨青修改好稿子时，也已经是晚上七点多了。看着电脑上的时间，杨青懊悔地挠挠头，就因为那么一点不合时宜的欲望，害得自己不仅挨骂，还加班一小时。

也许很多人都有过类似的经历，比如在学校时，每个礼拜五的最后一节课教学效率都极低，因为学生们都在为能马上回家过周末而兴奋不已，根本无法安静下来学习。不光学生如此，成年人也是一样。很多时候，一点冲动的欲望，就让我们无法专心地工作或者学习，最后往往事倍功半。

在这里我们不禁要问：为什么我们总是无法抑制内心深处那一点欲望呢？

不用再多费脑筋了，我们无法抑制自己的欲望，因为欲望是我们的本能。大脑的奖励机制就是这么运转的，当“我想要”产生的时候，欲望也随之而来。这种情况下，大脑就会主动发出指令让我们去满足这种欲望，而其中分泌的多巴胺则会给大脑带来愉悦的感觉。大脑无法拒绝这种诱惑，你也拒绝不了。几百年前的程朱理学认为人的欲望是洪水猛兽；佛教、基督教等宗教也把欲望看成是人类的原罪。但事实上，无论何时，人都不可能没有欲望。正如饿了要吃饭是一种基本的生存欲望一样，这个我们必须满足，不能控制。所以，我们不是要禁止欲望，而是要引导自己拥有正确的欲望。

人类发明了飞机，不正是源于我们想要飞上天空的欲望吗？寒门学子鲤鱼跳龙门，通过知识改变命运，不也是出于想出人头地的欲望吗？因此，我们要控制的仅仅是不合理的欲望。那么，该如何摒弃不合理的欲望呢？

我们必须改变自己满足欲望的不合理信念

很多人在满足自己欲望的过程中，徒增了许多前置条件。比如，怎样才能获得成功的满足感？有些人坚持必须自己完全独立地完成，而且必须达到完美的程度，无形中给自己戴上了过于沉重的枷锁，让满足欲望变得遥不可及。“由爱故生忧，由爱故生怖，若离于爱者，无忧亦无怖。”只要摈弃了那些不合理的信念，那么得到满足感其实是很容易的一件事情。

要清楚地明白什么才是自己想要的

我们有时会冒出不切实际的欲望，甚至难以自控，但眼前的诱惑并不一定就是我们想要的，它只是看起来有些诱人罢了。我们每个人都只有一双眼和一双手，不可能一眼望尽所有的风景，也不可能一下子拥抱整个世界。所以，我们要目标明确、脚步坚定地朝着自己设定的方向前进，尽管沿途的风景很美，我们也不能驻足欣赏。

一句老生常谈：要想控制那些不合理的欲望，最重要的还是良好的自控力

当我们能够保持强大的自控力时，我们就不会被突然冒出来的诱惑迷了心智。只要大脑不被多巴胺那虚拟的奖励所欺骗，我们就能遏制那些冲动的不良欲望。

不知道就不会去想，遏制那些不合理的欲望的另一种方法便是忽视它

你在下班前会变得躁动不安，是因为你想到了下班后可以随心所欲，做自己想做的事情；想到了周末不用早起上班，能舒服地睡个懒觉。只要不去想这些，你自然就不会受到诱惑，也就不会变得蠢蠢欲动。所以，当头脑中再次出现不良欲望时，我们要冷静下来，理智地判断：这是不是合理的。中午十二点，你突然忍耐不住饥饿，肚子已咕咕乱叫，那么去吃午饭就是最合理的选择，此时的满足无可厚非；但是下班前的按捺不住，就是不合理的，需要我们通过各种方式来调节。

调节的方式也是多种多样的。但是要记住，遏制不良欲望的方式是调节，而不是禁止。自控力并不是控制自己，而是引导自己。学会用多种方式去调节、引导自己，我们才能战胜不切实际的内心欲望。

自控力等于自我引导

说到自控力，很多人都把重点放在“控”上。控制、强制都是我们容易联想到的词语，所以，人们理所当然地把自控变成了自我强制。有过类似自控经历的人都知道，想要强行控制自己的欲望不仅非常困难，可能还会有反弹效应。所以，正确的自控并不是自我强制，而是自我引导。堵不如疏是大家都知晓的道理，一味地禁止欲望，只会变得更加烦躁，严重者甚至会彻底失控。

小强是个刚进入青春期的小伙子，对异性的好奇心和逐渐膨胀的躁动欲望，让他开始想入非非。某个偶然的机会，他见到一个很漂亮的女孩儿，于是就开始了疯狂的追求。女孩儿不堪忍受他的骚扰，将苦恼告诉了老师。被老师严厉批评之后，小强消沉了一段时间。可是，每当他告诉自己要努力读书的时候，他的脑海中就不由自主地浮现出女孩儿的音容笑貌，成绩自然一落千丈。百般无奈之下，父母带他去做心理咨询。心理医生了解情况后，温和地问他：“那个女孩儿为什么觉得你给她带来了困扰呢？”小强沉思了一会儿说：“可能她觉得现在不是谈恋爱的时候，我们最重要的任务是学习吧。”“那就好办了。你应该把爱意藏在心底，先努力提高自己的学习成绩，考一个好大学，找一份好工作，等自己变得足够好的时候，再去向她表白，这样就会得到所有人的祝福了。”

听了医生的建议后，小强开始奋发向上，努力学习，在高考中取得了一个意想不到的好成绩。去学校报到时，小强惊喜地发现，那个女孩竟然和他考上了同一所大学。于是，两个人成了好朋友，小强的幸福生活就这样拉开了序幕。

面对难以控制的欲望时，我们不要只想着如何控制，而要想办法引导自己走向正确的方向。就像小强一样，本来是早恋的苗头，但在心理医生成功的引导和帮助下，小强不仅没有陷入早恋的怪圈，反而在学习上更加积极，考上了一所好大学。在日常生活中，没有心理医师从旁引导，我们就需要学会自我引导。具体怎么自我引导呢？苏格拉底的自我引导法的确值得我们去借鉴——在自我引导时，我们必须先问自己一些问题。

第一问，我的长处是什么

很多人总是利用木桶效应告诉我们，只有改变自己的短板，才能提高整体实力。这样的理论也正确，但不是最好的选择，因为没有人可以全知全能。是的，我们要提高自己的弱项，但这不是最优先的。我们生活在一个分工明确的社会大环境中，我们可以利用自己的长处，在竞争中谋得一席之地。如同庄子所言，当一个葫芦长得太大无法用来盛水时，我们为什么不用它做小船，然后乘坐它遨游四海呢？

如果不了解自己的长处，那么我们可以利用回馈分析法，准确地找到它。在做每件事情之前，我们先对结果进行预判，等真正完成后再与之前的预估相比较，你就能知道自己在这方面是否擅长，这是不是你的长处。得知自己的长处之后，你就可以按照下面的方式来发挥。

■ **你必须专注于你的长处，让自己身处的环境有利于充分发挥自己的长处**

南唐后主李煜，无疑是一个伟大的词人，“问君能有几多愁，恰似一江春水向东流”的名句无人不知，无人不晓。但是，他却无奈地生在帝王之家，最后落得国破家亡的下场。如果李煜单纯地做一个词人，或许他就可以像李清照或者纳兰性德一样，获得极高的文学成就。

■ 强化你的长处

天分只是代表一种可能，想要把天分变成优势，我们必须继续完善和提升自己的知识和能力。只有拥有足够的知识、掌握足够的能力，你的长处才能彻底成为超越别人的优势。

■ 保持清醒的自我认识

一些在某方面有突出天赋的人，往往都会恃才傲物，这并不是一个好现象。你必须保持足够的理智，“逆水行舟，不进则退”，需要不断进步才能保持领先。就好比成为一个物理学家当然需要一定的天赋，但说到杠杆原理，即使没读过书的人也会实际应用。要知道，自以为是往往是自我毁灭的开始，我们要始终保持一种谦虚谨慎的态度。

■ 养成良好的习惯，做事坚持到底

古往今来，多少才华横溢的人最终却并没有什么成就，具体原因很多，也许是他们眼高手低，做事不能脚踏实地；也许是他们拖延，最终不了了之。总之，天赋是一种优势，但是成功依然需要努力，龟兔赛跑的道理相信大家都明白。

第二问，我的工作习惯是什么样的

说起工作习惯，每个人都有所不同，但是到底不同在哪里，却没有多少人会去注意，这也就导致很多人以自己不习惯的方式日复一日地工作着。就拿笔者自己来说，哪怕昨天一夜无梦好眠，依旧会发现，上午工作起来毫无灵感，而一过中午，思维便异常地活跃起来，文思泉涌，一天的工作几乎一下午就可以完成。如果硬要在上午完成工作，那笔者的工作质量和速度都会有很大的差距。所以，我们必须知道自己的工作习惯类型，你是晨型人还是晚型人、听者型还是读者型。搞清楚这些，你才能如鱼得水地发挥自己的长处，否则，你就会虚度时光或者觉得异常别扭。

第三问，我的价值观是什么

我们且不去谈什么宏大的理想或者崇高的境界，每个人都有自己的追求，有的人习惯自由的生活，而且对物质要求不高；有的人则觉得宽敞的大房子和高级名车才是自己的追求。你必须知道自己想要什么，这样你才能不断地引导自己朝着向往的生活奋斗。就如同当年轰动全国的第一神童宁铂一样，他在大学里无法学习自己喜欢的天文学，却被强制安排去学习理论物理。在多重因素的影响下，宁铂最后只好选择了出家为僧。对不同人来说，人生的选择其实没有想象中那么无奈，只要我们明白自己想要什么，就可以试着朝这个方向努力，成败有时候就在于你是否选择了这条道路。

当了解到自己的特长、价值观和工作方式后，我们就可以为自己的人生做出较为详细的规划。**有了正确的方向，才能坚定信念，不容易被迷惑。把理想当作前进的动力来引导自己，你就会发现从前的纠结其实完全没有必要，自控也变得很简单。**所以，不要考虑那么多，朝着目标前进才是最重要的。

第五章

时间表里的生活

有舍有得，才是真的生活

以前在看报刊的时候，总是会看到一些介绍成功人士早年经历的文章，里面常常会提到白天上学，下课后需要打两三份零工维持生计之类的故事。文章中也会写主人公有多么疲惫，但最终还是会有时间在生活中制造一些关于美德和勤奋的小故事来提升自己的形象，似乎文章中的主角犹如一台高度精密的机器，可以永远全面而有序地运行。2012 年，一本名叫《哈佛凌晨四点半》的书在市面上引起了巨大的反响，书里面的内容大致是讲哈佛的图书馆每天凌晨四点半就会座无虚席，学生们都在里面疯狂地用功读书。但是，这本书出版没多久就被人戳穿了谎言，用一句流行的话说就是被“打脸”了，因为书中所描绘的“凌晨四点半”，就如同多年前广为流传并且被很多人奉为至理名言的“哈佛二十条校规”一样，都是子虚乌有的。

为什么人们总喜欢塑造一些“高大全”式的形象呢？似乎要想成功，就必须无所不能、无所不为。其实这也恰恰反映了一部分人的错误心理。

一位心理学专家讲过这样一个故事：一位家长带着自己五年级的孩子来寻求帮助，说孩子太懒，不愿意学习；老师反映他上课的时候总爱走神，注意力不集中；而晚上回家写作业时又非常慢，通常要写到十一二点。起初，心理学家以为只是孩子注意力不集中的问题，但在仔细询问之后，他发现实际上并不是那么回事儿。据这位家长说，为了将来能够顺利考上大学，他们决定提前让孩子学点儿艺术类的东西，每天下午放学后学习一个小时书法，礼拜六上午跳拉丁舞、下午练习钢琴，礼拜天则用来复习功课并且完成作业……专家一听恍然大悟，于是，建议这位家长把那些所谓的兴趣班都取消了，只保留一项孩子自己喜欢的即可。可这位家长却不愿意，害怕孩子会输在起跑线上，认为别人家的孩子都可以，自己家的孩子也一定能行。

显而易见，这次谈话明显是不太成功的，因为这位家长只要求解决表面问题，却不愿意深入探求根本性的原因。人们常说小孩子总是很有活力，似乎他们无论做什么事情都是一副精力十足的样子。这当然是因为小孩子杂念少，对某件事产生兴趣之后，就会比大人更加专注。但是，更加专注的结果就是更加消耗精力，所以，一定要让他们劳逸结合，精力十足的时候去学习，精力不足的时候就要放松、恢复。故事中的这位妈妈几乎把孩子的时间安排满了，却完全没有想到，孩子需要恢复精力，需要睡个懒觉，然后做自己喜欢做的事情。

对孩子来说是这样，对成年人同样也是如此。人们总会觉得自己应该什么都可以做，什么都要有所涉猎：工作要做到最好、为了升职必须掌握更多的技能、和每个同事都必须相处得很融洽、饭局不能少去，还要学一两门“绝活儿”可以在朋友面前露两手……却从来不去考虑自己的精力也是有限的，想要面面俱到，最后很可能面面俱“倒”。

所以，我们在生活中要有选择地去安排自己需要做的事情。把精力充沛的时间留给重要的工作或者功课，这样就能用良好的控制力使自己专注于眼前的工作；而当我们精神疲惫的时候，就要适当地给自己一些放松和恢复的机会。有的人会觉得，自己需要做的工作还有很多，实在腾不出时间，就需要有所取舍。如果一味地给自己增加工作，也就相当于不断地给自己增加压力，令意志力一直处于临界点。如同上面故事中的孩子一样，不是他变懒了，而是长期疲惫的心理得不到恢复，整个人的精神面貌都垮了下来。由此可见，意志力不足会直接导致自控力减弱，没有足够的自控力，孩子自然无法专心听课，成年人会无法高效率地工作。

那么，我们要怎样做到有所取舍呢？

给自己每天要做的事情分类

我们要分清楚，哪一类事情是必须完成的、哪一类是可以少做的、哪一类又是可以不去做的。比如说每天的工作是必须完成的，这是必须做的。你准备每天自学三十个单词，但是由于工作实在太累，那么可以减少到十五个或者十个。因为在疲惫的状态下，即便你再努力地要求自己，大脑也会因为即将耗尽的意志力而拒绝自控，与其事倍功半，还不如索性让自己休息恢复。比如和同事一起去聚餐，去 KTV 放松一下等。这些事情对于十分需要睡眠的你来说，就是可以不去做的事。

减少自己的任务

首先是工作方面。虽然老板喜欢能干的员工，但也不能为了表现自己，就盲目地揽下大量完不成的工作。这样既给自己带来巨大的压力，也容易给别人留下不负责任的印象。其次是提高自我修养方面。好学是一种美德，但也要根据自己的实际情况来进行。合理的学习内容会增加知识和能力，但是过分追求完美，想要一口吃成个胖子，却只会令自己疲惫不堪。

不要总说自己太忙

很多人都喜欢这样向别人炫耀：“我最近很忙。”“一会儿还有三个客户要联系，晚上还有两个饭局。”在和别人这样讲的时候，其实也是在向你自己强调，这是一种不断重复的自我暗示。所以，在炫耀完之后，你就会觉得自己真的很忙，从而感觉疲惫和烦躁。

我们常说“舍得”两个字，有舍才有得，就如同投资理财带来利益的同时，也肯定会带来风险一样。我们不可能只得到，而什么都不舍弃，过分的贪婪只会让自己消化不良。所以，**在生活中一定要学会取舍，合理地安排自己的时间和精力，这才是正确的生活之道。**

尽可能排满你的日程表

提起日程表，很多人都会想到一张写满几点几分干什么的便笺，这似乎是一些公司老总或者重要人物才会准备的东西，因为他们每天都有太多的工作和应酬。而对于普通人来说，自己一天的活动无外乎上班、下班、买菜、回家，似乎用不着那么“高大上”的东西。其实，我们这里所说的日程表和上面的那种并不相同。人在一天之中的精力和意志力变化都呈曲线状态，由起点走向顶点，然后再滑落到最低点，而且，在不同时间段里，我们的身心状态也有所不同。所以，我们要根据自己的实际情况来合理地安排日常的工作。

早晨刚起床

对于作息时间正常的人们来说，这个时间段我们的各项生理机能正在复苏，而且因为刚刚睡醒，正是大脑比较空灵，思考的事情较少的时段。此时的我们正处于可以轻松集中注意力的状态，所以，更适合记忆一些东西。比如，学习新知识或者为一天的工作做好准备，因为头脑清醒，记忆深刻，就会使我们一天的生活都变得有条有理。当然，一顿营养早餐是必不可少的，因为它是维持我们血糖平衡的有力保障。

早上八点到九点

经过之前的运动或者记忆，我们的各项生理机能已经完全复苏，而压力因素也会在这段时间内达到峰值。再加上消化掉的早餐会大幅度提高人体的血糖水平，使整个人充满活力。所以，这个时间段适合攻克一些难题或者挑战最难的工作，干劲十足的你会发现自己突然变得聪明起来。

上午九点到十一点

格拉斯哥大学的心理学家斯特凡妮·别洛的研究表明，人类的大脑神经元突触在醒来3小时后的一段时间内最为活跃，所以，我们在九点到十一点的时间段内可以处理一些文件，例如做出某项决定等。因为，这个时候大脑足够活跃，而且也不太饿，正是自控力比较强的一个时间段，这时我们做出正确决定的概率将会大大提高。英国《每日邮报》曾在专栏中建议女性在这个时间段去购物，因为在这个时间中最容易做出正确的决定而避免浪费。

上午十一点到十二点

在这个时间段中，我们的各项生理机能都已经达到了巅峰状态，尤其是体能。所以，这段时间最适合的工作就是拓展业务或者和客户交流，你会发现自己突然变得巧舌如簧，很容易说服投资者和客户。当然，如果你希望老板给你加薪，也可以选在这一时间段和他沟通。一方面你的口才和耐性都变得出色；另一方面，老板正忙于处理各项事务，不会有太多时间去纠结于你的事情，如果老板的心情恰好不错的话，你的成功率就能够大大提高。

中午十二点到下午三点

十二点之后，我们的体能就会开始下降，一上午的工作基本已经消耗完了我们早餐时摄入的能量。这时候加班的话，效率其实不会很高，所以，放下手中的工作去吃顿丰盛的午餐是很有必要的。这不仅仅是为了消除我们的饥饿感，令我们可以更好地集中精力，更是为了使自己在下午的工作中可以保持足够的活力。如果条件允许的话，稍微小憩一会儿，就可以轻松地消除上午工作所造成的精神疲惫，并让自己恢复有效的自控力。

接下来的时间里，我们可以边听音乐边做一些简单而又枯燥的工作，因为在下午两点到三点之间，我们除了耐力还不错之外，并没有其他的明显优势。而听音乐则可以帮助我们驱除困意，使我们不会在工作时间睡着。西方国家的人都喜欢在这个时间去喝杯下午茶，如果你恰好工作不太忙的话，这应该是一种不错的体验。

下午四点到六点

美国加州圣何塞大学的一项研究表明，下午四点之后到六点之前，人体的反应速度和肢体之间的协调程度是最高的。所以，在这个时间段里，有什么工作量大、需要集中精力处理的事情就赶快去解决。同时，这也是最佳的锻炼时间，高度灵敏的反应能力和肢体之间的协调度使我们运动起来游刃有余，既有效果又不会轻易失误导致受伤。

晚上六点之后

一天的工作使我们的各项身体机能都开始渐渐地滑向低谷，运动或者工作显然都已经不那么适合。所以，这时候就是我们和朋友一起去小酌一杯，放松一下的最佳时间。首先，因为这个时间段的血液流动比较缓慢，我们不会醉得太快；其次，这个时间段做其他的事情也没有什么效率，不如趁机放松一下。

晚上八点到十点

这段时间中，我们会有一个短暂的恢复期，身体的各项机能都有了小幅度的回升，所以，学习或者类似的事情可以放在这个时间来做。比如做一些睡觉前的总结工作，让自己对一天的工作生活有一个总体的认识。

晚上十点之后

作为一个上班族，最好能在晚上十点左右上床睡觉。因为大部分人都需要在早上七点之前起床，经过科学研究论证，只有保证八小时的充足睡眠，才能为新的一天提供充沛精力。如果能在晚上睡觉之前洗个热水澡，那么你的睡眠质量也会有所提升。

我们要求自己尽量安排满一天的日程，并不是说要给自己安排一个满满当当的工作计划。而是要我们能够合理地利用每段时间，使我们的工作和学习效率达到最高水平，同时也是为了保障我们的身心健康。只有做到这些，才能使我们更好地掌控生活，合理地安排时间。

严格遵守作息时间表

前面一节中，我们给大家提出了一些关于制定工作时间表的建议，这里又来告诉大家要严格遵守作息时间表，是不是多此一举？为什么不放在前一节而偏要单独成文呢？当然这是有必要的。

我们首先要重点强调，是否严格遵守时间表是决定整个过程成败的关键。很多人在学习某一门技艺的时候总是想着找到什么窍门，然后就可以像小说中学了绝世神功的主角们一样瞬间功力大涨。这种情况在现实生活中当然是不可能存在的，你可以去请教身边那些在某一方面有很高成就的人，他们一定会告诫你："重复，不停地重复！"其实，还有一个或许连那些成功者自己也没有注意到的原因，那就是专注，专注 + 不停地重复 = 成功。所以，我们只是制定了时间表还不够，必须要督促自己严格地去遵守，只有这样才能产生效果，否则，就会像大多数孩子的新学期打算一样，不过是一份作业而已。那么，严格地遵守作息时间表又存在什么好处呢？

提高效率

这是我们制定时间表格的首要目的，在恰当的时间段做恰当的事情，才是提高效率的关键。不少人或许会认为与其这么麻烦，还不如一口气把工作做完再休息比较好，有些时候这种办法也许是可行的，但是大多数情况下并不合适。就像很多时候，我们虽然也在很专注地工作，但就是不见效率，这又是为什么呢？

我们在思考的时候一般有两种模式：一种是专注模式，面对熟悉的问题时一般就会采用这种思考模式。在这种模式下，我们会有目的、有针对性地去寻找解决问题的方案，好处就是不需要走弯路，不会做一些无用功；坏处就是很容易让自己的思维僵化，跳不出惯性的藩篱，绞尽脑汁也没有新进展和新头绪。还有一种是发散模式，也就是我们常说的发散思维。说起来简单，但做起来却并没有那么容易，思维的惯性并不是那么轻易就能被克服的。所以，我们会建议大家在工作了一段时间后去休息一下，一方面可以让自己疲惫的精神得到恢复，这样有利于自控力的恢复，让自己思考问题的时候注意力更加集中，另一方面就是为了使用发散思维。

当我们长时间地面对一个问题的时候，即便我们再苛求自己用发散思维去思考也不一定能做到，反而好像走进了死胡同。因为我们一直是用同一种思维方式来思考这个问题，而这种思维习惯已经成了短暂的本能，所以在这段时间内，每当我们看到这个问题时，都会本能地从同样的角度出发。而当我们短暂休息之后，大脑中或许会有片刻的空白，或许又会天马行空地思考一些与工作毫无关联的东西。虽然你思考的这些东西都是无意识的，但正是这种放空能够有效地打破思维惯性。因为当你开始思考其他无关的问题时，在工作中形成的思考问题的惯性就会慢慢消除。这也是很多人在一筹莫展的时候，索性出去溜一圈就突然有了灵感的原因，还有一些人会在小憩的时候恍然大悟。

消除疲劳

大家都知道，在日常生活中，当我们的身体状态不佳或者进行过剧烈活动后都会感到疲惫不堪，如果这时可以美美地睡上一觉，那么我们的体力和精力都会很快得以恢复。之所以会如此，是因为人体内的各个组织器官始终处于不间断的生理活动过程中，在消耗大量营养物质的同时，也生成了大量的新陈代谢废物，如乳酸等，当这些废物积累到一定程度时，人就会感到疲劳。这就是人体神经系统对体内组织器官的保护性反应，提醒我们应该休息一下，排出这些新陈代谢的废物。如果这时我们依然在不停地工作，那就会使自己的生理功能受到伤害，进而导致神经系统调节失灵，身体的抵抗力也会有所下降。而抵抗力下降最直接的结果就是我们的意志力会更加薄弱，患病的概率也会大大增加。

严格遵守作息时间表就会在很大程度上避免这种情况的出现，有规律的作息会使我们的精神和体力在每次将近达到临界点之前就得到恢复，从而形成一张一弛的良性循环。

有助于保证我们的睡眠

保证睡眠并不只是为了保证有足够的意志力和自控力。很多人认为自己是一个珍惜时间的人，觉得每天晚上睡七八个小时，白天还要接着午休，这是对生命的一种极大的浪费。这其实是一种错误的观点，为了所谓的珍惜时间而牺牲必要的睡眠是一种不合理的行为，因为他们所看到的仅仅是眼前的一点点时间。现代科学研究证实，人在睡眠的时候，身体内的一切生理活动都会变得十分缓慢，处于一种自我修复和重新积累能量的状态。人体器官有时候就如同一台精密机器的组件，如果长时间睡眠不足或者干脆失眠，程度较轻的会造成神经系统功能紊乱，使机体免疫功能下降，严重的还有可能导致器官的衰亡。所以，**规律的生活从一定程度上讲就是在延长寿命。**

所以，我们很有必要让自己的生活变得更有规律。在形成一个良性循环之后，我们对自己的身体状况和精神状态的掌控就会更有力，对形成自控的生活习惯自然也会有极大的帮助。

逐步压缩懒散的生存空间

制定了作息时间表，并且决定要严格遵守它之后，我们就要学着开始优化这份作息时间表。为什么需要优化呢？这是因为如果一开始就把作息时间表制定得非常严苛，那么估计能够坚持下去的人并不多，所以我们建议开始的时候可以相对宽松些：工作时间紧凑一些、工作之外的学习或者锻炼任务少一些、休息的时间多一些。

但是，当我们逐渐适应了这种规律的生活之后，就需要持续地对其进行优化，也就是不断压缩懒散存在的空间。比如，起初我们规定的晚上读书时间是九点到十点，那么，从下午六点到晚上九点之前都是休息时间，我们可以慢悠悠地享受一顿晚餐，还可以悠闲地逛个超市或者看会儿电视，但现在我们需要把学习的时间提前到八点半，而下午的工作时间延迟到七点，要做到这一点，我们就必须把吃饭和洗漱的节奏加快。

加快节奏挤出大块儿时间是一种很好的优化方式，但是这里还有一些被你忽略的时间需要充分利用起来。一般下班回家挤公交车的时候你在思考些什么？大部分人都不知道自己在想些什么东西，或者干脆选择放弃思考，也就是说这段时间其实是被浪费了。有人会说：我已经上了一天的班，这点时间难道不该放空一下自己的大脑吗？是的，应该。但是一般来说，我们总会在公交车上面度过一个小时左右甚至更多的时间，我们需要花费这么多的时间休息吗？当然不需要。闭上眼睛听几分钟歌曲，就会瞬间轻松很多，剩下的时间我们自然不能任由它白白浪费掉。

那么，我们要怎么来压缩因为懒散所浪费掉的时间呢？对于这一点，我们可以参考一下自我组织管理模式关于时间的四则运算。

加法——找出隐藏的时间

■ 把我们浪费掉的零碎时间合理地利用起来

就像我们上面提到的在公交车上的时间，抑或在公交车站等车的时间，很多人在这个时间段里面变成了低头族——刷微博、看小说等。其实，我们完全可以在这个时间段里去规划一下接下来或者明天的计划与安排，也可以趁机思考一下卡了壳的工作进度，说不定你就会灵光一闪，突然冒出一些很好的主意。

■ 创造时间

这里并不是说我们可以让一天的二十四个小时变成二十五个小时甚至更多，而是告诉我们可以合理地协调一下工作和休息的时间。科学研究表明，我们需要睡足八个小时才可以恢复全部的精神和体力，但是一般情况下，这八小时中只有百分之二十左右的时间是深度睡眠。所以，我们可以通过提高自己的睡眠质量来保证精力和体力的充足，然后早起一个小时来做点事情，做到这一点之后，你就会发现自己的时间突然变得充足起来了。

■ 逆势行动

也就是说，当别人都去做的时候你不要去，而当别人都不去做的时候，你再去也不迟。作为一个生活在人口大国中的公民，我想大家对于“拥挤”这个词一定深有体会：上班高峰期的公交车永远和沙丁鱼罐头一样挤得满满当当；吃午饭时候的餐厅也是一样，无奈地望着前面长长的队伍，我们只能百无聊赖把玩手里的饭盒。所以，我们不妨在下班之后晚走半个小时，这时候，餐厅中等待的人肯定不会太多，别人排队浪费掉的时间就这样被你节省下来了。

■ **背包原则**

少量多取不只是自助餐厅所提倡的一种吃饭方式，在工作中也同样可以推而广之。有人喜欢积累，看着眼前大量的完成的工作会很有成就感，却忽略了完成工作后的疲惫。对此，我们可以分批完成，每次只做一小部分工作，这样积少成多，也不会因为长时间面对工作而感到烦躁。这样一来，最重要的是避免了因为工作积压而造成的焦虑心理，因为“我又完成了”和“我才做了一半”是两种完全不同的工作体验，前者会使人越来越有信心，后者则总是让人觉得疲惫。

减法——减少时间的浪费

很多人的工作时间大部分都花在了思考和决定上面，真正花在执行上的时间并不会太多。他们往往先是不断地思考怎样才能做到最好，然后又会反复地犹豫到底要不要这么做，最后才是执行的步骤。其实，对于我们熟悉的工作，当明确了目标之后，我们完全可以一边思考一边进行。比如你要做一份策划案，但如果你一定要在大脑中打好所有的草稿才开始动笔，就可能会需要很长的时间，如果你能够一边思考一边动手写，然后再不断地修改，一份完整的策划案很容易就会呈现在你的手上。所以，对于我们熟悉的工作或者极为简单的工作，我们必须让自己稍加思索，在最短的时间内想到合理的解决办法，然后立即去施行，一边进行一边修正。而当我们面对陌生的复杂的工作时，我们确实需要做到三思而后行，但深思熟虑不等于瞻前顾后，一旦有了决定就要当机立断，有些时候浪费一秒钟也许就会失去一个好机会。

乘法——提高工作效率

提到提高工作效率的方法，一是要让自己的注意力更加集中，这是自控力的问题，我们可以通过不断地提高自己的自控力来解决这个问题；二是要给自己一个舒适的工作环境，因为在舒适的环境中工作，人的身心都会极大地放松，这对于思考和工作都是十分有利的；三是要掌握好的方法技巧，可以在实践中不断地总结经验教训，积少成多，进而形成自己做事的套路和风格。

除法——根除浪费时间的习惯

做事情效率不高还有一个重要的原因就是拖延。有时候是单纯的懒，有时候则是自控力的薄弱，这就需要我们对自己的工作制定一些强制性的时间规定。比如要让自己把“进了办公室就要努力工作”当成一种习惯，每当新的工作到手，就要第一时间开始工作，绝不拖延。

综上所述，**我们可以把制定工作时间表与上面的几种节约时间、提高效率的方式有机结合起来，不断地优化自己的时间表，让自己最大限度地利用好每一分每一秒，使自己对于时间的掌控更加合理、更加有力。**

用好习惯来管理时间

如果你发现无论怎样筹划安排，自己的工作总是无法按时合格地完成，那么这就不只是时间管理上的问题了，而是你自己的工作习惯出了问题。这时候，与其绞尽脑汁把大量的工作塞进有限的时间中，不如暂停下来，彻底地对自己的工作习惯做一个检讨，然后努力养成好的工作习惯，从根源上解决浪费时间的问题。

要合理安排时间，最关键的就是在对的时间里做对的事情。这个观点我们在前面也提到过，但是很多人都只注意到了对的时间，却忽略了对的事情。几乎所有人在安排工作的时候，都知道需要按照轻重缓急的顺序，但我们却不曾注意到重要和紧急并不是一个意思。很多时候，紧急的事情是必须立刻着手去做的，否则就腾不出时间来做重要的事；而重要的事则必须要坚持一定的水准和程度，否则也是无用功。当重要的事情和紧急的事情相互冲突时，我们就要优先去做紧急的事情。

思考要慢，行动要快

前面我们说过，不要在思考上面浪费太多的时间，但那仅是指面对简单和熟悉的事情的时候，而当我们遇到陌生或者复杂的事情时，一定要谨慎思考。

因为一旦你的决定出现了失误，那么将来就有可能需要花费两倍甚至更多的时间去加以调整，这样反而浪费了时间，影响了工作进度。因此，第一次就做对选择是节省时间的关键，仔细思考和讨论之后再行动，会使你将来调整的压力大大减轻。

让你的工作准备尽量简单化

在判断汽车性能的指标中，有一项叫做加速时间，是指汽车从发动到升至最大速度所用的时间。我们的工作也可以用同样的方法来判断：走在上班的路上，我们也许突然就想到了一个好点子，但当我们做好充足的准备工作之后，却又完全想不起来当初的那个点子；当我们花费了大量的时间收拾好自己的工作场所之后，万事俱备之时却又突然失去了对工作的兴致。这都是由工作环境太复杂和准备条件太烦琐导致的。所以，**我们要尽可能地简化自己的准备工作，让自己能以最快的速度进入工作状态，这样既能抓住一闪而过的灵感，又能节约下来大量的时间。**

用时间制造压力来提高工作效率

在制定自己的工作行程表时，不要只是规划在某个时间区间里面该做哪些事，还要在每项工作的旁边标注好为这项工作所预留的时间。一旦有了时间的限制，就相当于有了限期完成任务的压力，我们在工作时也会更加专注，而不会出现因为没有约束而毫无节制拖延的现象。同时，我们也可以通过对比预计时间和实际完成工作的时间，对自己的工作效率得出一个正确的评估，从而使以后的时间规划更加合理，也更具可行性。

为自己准备一个简洁整齐的工作环境

我们要尽量将工作环境布置得井井有条，这样，在工作中需要找某种资料的时候，就可以很方便地拿到；如果长期处在乱糟糟的工作环境中，势必会影响工作心情和工作质量。试想，在长时间的工作中，我们突然起身想要找到某个资料，却怎样也找不到；花费了很长时间后终于找到了要找的本子，却又发现自己早就忘记了找这个本子要做什么；于是，只好又把当天的工作从头到尾捋了一遍。光是想想就能知道，这是多么浪费时间的一个过程。所以，我们要尽可能地让工作环境保持整洁，这样才不至于影响工作效率。

学会优化统筹

我们要养成随时思考的习惯，清楚明了地划分好：在自己需要做的诸多工作中，哪些可以置后，哪些又必须优先；哪些必须要在没有干扰的情况下做，哪些又可以在略有干扰的情况下完成，这样，就可以使自己的时间利用率达到最高。同时，还要学会避开高峰期，由此节省下很多排队等待的时间。

每次只做一件事

很多人都会羡慕在美国商业大片中，那种看起来十分繁忙的工作状态，一边接电话一边查资料，还需要同时和对面的同事交流。这种看起来很高效的工作状态其实很容易让自己的精力分散，效率反而会降低。所以，我们每次应集中精力尽快地完成一件事情，从而提升工作效率。

如果一项工作今天做不完，那么至少要做到一半以上，当然做得越多越好

只有这样，才可以在明天继续这项工作的时候不需要从头开始。我们会发现，很多学生在复习的时候，总是不厌其烦地复习着最前面的几章。这不是因为他们不专注，而是他们每次都不能系统地复习完一个知识点，这就导致他们在下次复习时必须从头开始，周而复始，便形成了恶性循环。

凡事都需要主动

在你与某个客户洽谈时，当电话对面的人对你说“好的，等我回头再联系你”之类语句的时候，千万不要信以为真而浪费时间去傻傻等待。应该找个合适的时间主动打给对方，询问他是否有了决定，这才是最正确的做法。因为凡事都必须主动，和他谈同一桩生意的人可能会有很多，当你还在苦苦等待的时候，很有可能已经被别人捷足先登，与其达成了协议。这与在街头摆摊需要大声吆喝是一个道理，你必须主动把自己推销出去。

成功也要总结

很多人都认为只有失败时才需要总结经验教训，但实际上，成功以后同样需要做好总结。因为你成功的经验很可能会在下一次的工作中用到，当然，有些成功本身就包含着一定的运气成分，我们在总结时，就会清醒地认识到这一点。这样，才会让我们下次遇到同样的情况时，做到胸有成竹、不紧不慢。

在多次规划时间却效果不明显时，我们就要仔细分析具体原因。与其不断地重复那些没用的时间规划，不如先改正自己那些费时的旧习惯。好的习惯对于时间的管理是一大助力，也是我们自我掌控生活的最佳帮手。

努力做到极致

在日常工作中，很多人都会把“完成”二字作为工作尽职的标准。但是，你有没有想过，如果工作时间允许的话，我们为什么不努力把它做到极致呢？

首先，把事情做到极致是一种态度，是一种对工作认真、对自己负责的态度。胡适先生曾经写过一篇名为《差不多先生》的寓言故事，用来讽刺当时的中国老百姓和当权者的“差不多主义”，希望可以借此警醒世人。谁料，在当今社会，这种情绪竟然更胜从前：工作差不多就行，只要能按月拿到工资；为人差不多就行，只要不至于惹到别人；纪律差不多就行，只要睁一只眼闭一只眼面子上说得过去就行。拿到任务后，不是想着怎么做到最好，而是把出发点定成应付过去就可以。殊不知有句老话叫做“取上得其中，取中得其下”，在《易经》《论语》等著作中均有类似的说法。“差不多主义”带来的结果大多是差强人意的，这不仅是工作上的不负责，也会给自己的自信心带来不小的打击。长此以往，就会在内心习惯性地自我否定，自然也就会形成一种恶性循环。反之，努力把事情做到极致会让我们形成一种良好的习惯，那就是优秀，让你习惯于自己的优秀，从而大幅提高自己的信心和自控力。

其次，当你把“做事就要做到极致”当成自己的习惯时，做到最好就成为你每次接到工作后最熟稔、最轻松的选择。你的第一反应一定会是这样，因为当你习惯于把每一项工作都做到最好的时候，即便是环境再宽松，你也会不自觉地遵守自己的习惯，听从自己的内心，这对于自身的发展和良好自控力的养成都是极有帮助的。

作家格拉德威尔提出过“一万小时定律”，对此，有些人身体力行，也有些人嗤之以鼻，称其为“不靠谱的一万小时定律”。那些觉得不靠谱的人其实并没有理解这个定律的实质，所谓的“重复一万小时”并不是说你只要单纯地重复就行，而是要你每次都在上一次的基础上争取突破。这时，一万小时的重复就等于一万小时的追求极致，带来的效果自然非同凡响。

很多人看到别人成功时，总会不屑地说：“我是没有努力，我要是努力也会和他一样成功。”但是，当你真正地放开手，也和别人一样努力去做的时候，才能真正地体会到自己的极限在哪里，瓶颈又在哪里，是否真的会像自己预料的那样，只要努力就可以获得成功。

那么，怎样才能做到极致呢？

要对自己提出严格的要求

具体提出怎样的要求呢？就是每次都必须比前一次优秀。这个优秀可以是速度上的，也可以是质量上的，但不管是哪方面，必须有一项超过上一次。只有明确了这一点，我们才能在不断追求极致的过程中持续进步。

要给自己的工作找一个参考

不能觉得上个月我签了一个客户，这个月我签了两个客户，就满足了。我们要对行业平均水平有一个了解，比如行业平均水平是 20 个，那么每月签 20 个客户就是你的起点，在这个起点上的突破才算是进步。然后，再把目标指向行业里的精英，他们才是你突破极限的开始。

要给自己找一个权威的评估方式

不要总是清高地认为，只要自己觉得进步了、提高了，那就可以了。一个人的社会价值在于人们对这个人的评价和承认度，所以，你必须找到足够权威的评估手段才行。比如你要自学吉他，那么你就要把拿到十级证书作为自己的目标，而不是你自己觉得已经达到了十级的水平。因为，人们对自己的判断很容易受一些主观因素的影响，并不能将其作为判断的依据。

把每个细节都做到极致

把一件事情做到极致并不只是把最终的结果做到极致。在完成一个大目标的时候，我们都会把这个大目标分成一系列的小目标，然后分阶段完成，而我们要做的就是在每个阶段都要求自己进步。比如学习弹吉他时，今天练习爬格子，明天练习扫弦，每一天都必须要求自己有所进步，如此，最终才能达到追求极致的目标。

不给失败找借口

很多年轻人在参加工作后三天打鱼，两天晒网，家人劝说的时候，他们就会反驳道："这不是我喜欢的工作。""我只是不愿意去下那个功夫，我有自己的追求。"其实，这些都只不过是借口罢了，如果真觉得不喜欢，为什么不去寻找自己喜欢的工作呢？做人一定要认清现实，要知道每一天都是不可逆转的；要明白努力工作把事情做到极致，并不全是为了老板和家人，也是对自己的一种负责。

不断寻找新的目标超越

虽然很多励志书籍都会建议人们不要过度地和别人比较，只和昨天的自己比较一样可以激励斗志。但是，和自己比较存在两点不足：一是没有标杆，因为同样是进步，但幅度会有大有小；二是动力并不会很大，因为自己的程度自己是最了解的。所以一般人想要超越自己甚至可以说是一件十拿九稳的事情，但和别人比较时就不同了。因为在你进步的同时，别人也在进步，你永远不知道别人会进步到什么程度，所以，你必须让自己最大限度地提高才能有和对方一决高下的机会。

追求极致虽然是一件好事，但是必须在生活中找到平衡点

在工作中追求极致，一定要和工作进度达到平衡，不能把追求完美当成拖延的借口。以手机研发为例，如果一个手机制造商一定要追求极致的完美，而不顾市场的实际需求，那么他就只能在不断的研发中看着其他公司的手机大卖，自己的完美手机却始终研制不出来。因为完美的标准也是在实践的检验中不断提高的，永远没有最完美的东西。此外，追求极致还要与自己的实际能力相匹配，不要强求自己完成一些按照现在的水平根本达不到的任务。

这里，我们还要强调一点，工作中追求极致是有限度的，这个限度就是工作时间，我们只能在有限的时间中去尽力追求我们所能达到的最高点。因为对于一个上班族来说，首要任务永远是完成工作，在这个前提之下，才可以酌情去追求极致。就如同我们之所以要训练自控力，归根结底是为了更好的生活而服务，而不是单纯地比拼自己的自控力极限。

第六章

克服心理坏习惯

不用和坏习惯对着干

自懂事以来，也或许是从我们懵懂无知的时候开始，总会有人告诉我们某种行为是不好的，是坏习惯，必须改正。那么，我们应该怎样改正呢？当然是要去克制它、制服它。

《小王子》中有一个很经典的故事：小王子在经过一个星球的时候看到一个酒鬼，感觉很奇怪，于是问："你在干什么？"

酒鬼说："我在喝酒。"

"你为什么要喝酒？"小王子又问。

"为了忘却。"

"为了忘却什么呢？"

"为了忘却我的羞愧。"

"你为什么羞愧？"

"因为我喝酒。"说完后，酒鬼就不再说话了，小王子却越发迷糊了。

不知道有多少人能真正地读懂这个故事，但是，至少人们会和小王子一样困惑。为什么明知道喝酒是个坏习惯却不知改正呢？我们也一样，明知道某些事情不好，但是依然会去做，如果强行制止自己的话，结果可能会使自己想去做这件事的欲望更加强烈。所以，在这里要纠正大家的一个误区：改掉坏习惯，不是没头没脑地禁止自己去做，而是要先弄懂为什么自己会养成这种坏习惯，然后再试着接纳自己的坏习惯。

在高中时代，我们经常会看到校车上下来大群的学生，他们都是半夜偷偷溜出去上网被老师抓回来的。对于学校和家长来说，去网吧上网是一个坏习惯，甚至是恶习，但是屡禁不止，这是为什么呢？老师们会认为那些经常去网吧、不好好学习的学生没有上进心，这是一个错误的观点。其实，每个学生都是有上进心的，包括倒数第一名以及那些捣蛋鬼。如此说来，唯一可能没有上进心的只有第一名，因为从某些角度来看，他已经没有继续上进的空间了。每个孩子的天赋不同，所擅长的领域也不尽相同：有的学生擅长的方面恰好就是学习，所以他们的成绩很好，老师和家长也会毫不吝惜地给予他们肯定和赞扬；但是那些不擅长学习的孩子呢？他们同样需要别人的肯定和赞扬，但他们在学习上比不过那些好学生，体育、艺术之类的特长在一些人眼中，属于“歪门邪道”的科目。所以，部分孩子就开始想办法自我肯定。

可能有人会说，只要好好学习，他们也会有进步的，同样会有成就感。带过小孩的人都知道，当他们一旦确定要什么东西或者要干什么的时候，就必须马上得到或者去做，延迟一分钟都会大哭大闹。小孩子的视野很窄，看到什么就是什么，所以他们想要什么就要立即得到。大人则出于金钱等种种原因而必须控制自己，让自己适应无法立刻得到的这种心理延迟。但是，作为学生的青少年却不能很好地控制自己的想法。对于学习成绩差的孩子来说，他们长期处于被否定的状态之下，更渴望得到肯定。在学习中，这种诉求很难得到满足，但在游戏中，只要打掉一个怪物就会得到一定的经验值，这个奖励是可以立刻看到的。所以，他们才会不厌其烦地翻过墙头、跑去网吧，即使被老师抓回学校也在所不惜。

上面这段话并不是在为孩子们的坏习惯辩护，而是提醒老师和家长，要弄明白孩子们为什么非要去玩游戏，兴趣是一方面，为了找到成就感也是一方面。所以，面对“网瘾”这个坏习惯不能一味地强硬制止。可以试着把他们暂时和好学生分为两个集体，给他们相对容易的学习任务，容易了就会学得快，学得快自然就有了自信心和兴趣，有了自信心和兴趣自然也就喜欢上学习了。当孩子对学习有了兴趣之后，成绩的提升也就是必然的结果；当他们的成绩提升到一定程度之后，自然就可以回归好学生的团体，而不是一直被贴上“差生”和“不上进”的标签。

分析完上面的例子我们应该会想到，每一个看起来很糟糕的坏习惯背后，或许都隐藏着一个积极正面的需求，而它之所以成为坏习惯，不过是采取的方式不恰当。所以，当我们发现自己的坏习惯时，不要认为自己变得不可救药，而要冷静地分析自己的深层次需求。当你弄明白这些以后，就可以换一种恰当的方式去实现自己的需求，坏习惯自然也就被克服了。从这个角度来说，你还要感谢你的“坏习惯”，因为是它让你发现了自己以前没有发现的问题。

当然，也有一些人并不是因为深层次的需求，而仅仅是因为内心深处的不在乎才养成了坏习惯，在这种情况下，不管怎么下决心都会无济于事。这时，就需要你激发自己改掉这个习惯的诉求。就如同上大二的小韩，体育课上学习的健美操，小韩无论怎么努力都学不会，即使老师用挂科来威胁他都无济于事。但在考试那天，他却奇迹般地通过了。仔细询问之后大家才知道，原来因为他一直都学不会健美操，而被他正在追求的女孩儿深深地嫌弃了。小韩受了刺激，立志发愤图强，就这样一鼓作气通过了考试。

由此可见，**改掉坏习惯最大的问题不是你无法自律，而是你找不到足够的理由去自律。**当你找到这个理由的时候，自律就会像困了就要睡觉一样成为你的本能。到了那个时候，还有什么坏习惯是改不掉的呢?

是不是只要发现了坏习惯形成的原因就可以万事大吉了？显然不是。我们都知道运动员会成百上千次地重复同样一个动作，目的就是练出肌肉的记忆。坏习惯在大脑中也是以一个独立的神经回路存在的，要想彻底地改掉坏习惯，覆盖这个旧的神经回路，同样也需要对新习惯不断重复。就如同有过“网瘾”的男孩子，虽然找到了学习上的成就感，但偶尔还是会想去玩几把游戏一样。毕竟玩游戏相对来说比较简单，而且也是长时间以来养成的一个习惯。这时候，就需要动用自己的意志力，控制自己不去玩游戏，直到学习这个新习惯覆盖了玩游戏这个旧习惯，你的坏毛病才算真正地改掉了。

负债累累的心灵

“人之初，性本善”作为《三字经》的开篇之语，循循善诱地告诉我们“人性本善”的道理，与此同时，另一位大儒荀子却大声疾呼“人性本恶”的观点。我们暂且不去引经据典地辩论到底是“性本善”还是“性本恶”，但不可否认的是：人性之初，本就蕴藏着“善”与“恶”的种子，这些种子一旦生根发芽，就会外化。而今天我们所要讲的嫉妒就是人本性的一种外化。

在日常生活中，大部分人都或多或少地有过嫉妒心理，即使自己口头上不肯承认。在这里，必须首先纠正一个错误的观点：嫉妒是可耻的。**嫉妒本是人类的一种正常的情感，无关对错，也无关荣辱。可耻的并不是嫉妒本身，而是产生了嫉妒之后的那些不恰当甚至是愚蠢、错误的做法。**就如同喝酒一样，同样是杯中酒，有的人喝了就会诗兴大发，李白的美酒一下肚，秀口一吐便是半个盛唐；也有人喝了就会站在街头破口大骂，使得路人避之不及。所以，不能凭借人们喝酒以后的反应来判断酒本身是好是坏，对于嫉妒来说，也是同样的道理。

嫉妒普遍存在于我们的生活中，司空见惯，习以为常，但是大家真正想过诱发嫉妒的原因吗？据心理学家分析：被嫉妒的对象一般都是身边的人。正如大家不会去嫉妒王思聪说的“一般人都没有我有钱”，却会嫉妒同事这个月的工资比自己多发了50块；正如大家不会去嫉妒巴菲特喝着几十万一口的红酒，却会嫉妒今天妈妈给弟弟多夹了一块红烧肉……这又是为什么呢？其实你嫉妒的并不是对方令你望尘莫及，而是对方让你的优越感受到了威胁。那个工资比你高50块的同事可能刚刚上班不到一个月，而你已经在单位待了两年；从前弟弟还不会吃红烧肉的时候，妈妈总是会把所有的红烧肉都夹给你。正因为他们威胁到了你原先拥有的优越感，所以你才会产生嫉妒心理。当然，即使产生了嫉妒心理也无妨，因为从心理学上讲，嫉妒和喜怒哀乐一样，是一种正常的情感，不必内疚，也不必觉得自己如何不堪。

那么在产生嫉妒之后，人们会做出怎样的反应和行为呢？有些人在产生嫉妒后，总会下定决心找回面子。这是应对嫉妒的一种方式——迎头赶上，保证自己的优势。在这种心态之下，嫉妒就如同李白口中的酒，下咽之后，不仅不会撒泼骂街，反而会出口成章，流芳百世，于是，嫉妒成了人们前进的动力。

但也有人在产生嫉妒后，不仅没有迎头赶上，反而越落越远，自己的压力也越来越大，甚至对他人充满了恨意，岳不群就是这样的一个人。令狐冲的天赋和机遇让岳不群这个做师傅的生出一种深深的嫉妒，于是，他对自己的徒弟开始了无情的扼杀。当然，还有一些纯粹见不得别人好的恶意嫉妒的人，他们存在着更大的人格缺失。在此，我们暂且不论，主要把讨论的重点放在“岳不群们”的嫉妒上。“岳不群们”不光有着满心的嫉妒，还有着比不过后起之秀的自卑，而嫉妒和自卑往往就是相生相伴、合二为一的。

既然如此，我们该怎样避免出现同样的错误呢？最简单的办法就是停止与这些人的比较。压力的确可以转化为动力，但如果压力太大，就成为实实在在的阻力了。与看起来比自己风光的人攀比，其实在一定程度上可以算作是自己的虚荣心。因为就算你真的超过了他，依然会有比你更强的人出现，在这条路上走下去基本上不可能会赢，毕竟没有一个人可以面面俱到。所以，与其一直和别人比较弄得自己一身狼狈，还不如索性“三省己身”，只和自己比较，看看今天的自己是不是比昨天更进一步。这样既能保证自己不断进步，又能避免不恰当的比较，进而令自己变得不再虚荣以减轻压力。

同时，我们还可以让自己变得更豁达一些。在日常生活中，我们之所以会嫉妒，就是因为别人得到了我们想得到而得不到的东西。所以，不妨让自己的心变得豁达一些，眼界变得开阔一些。比如一份自己想得到的工作竟然被别人得到了，那么我们就应该学会放下，转而把目标放在新的工作上。告诉自己，别人得到是因为他比自己有能力、有资格，而不是别人把自己的机会抢走了。如果自己能力足够的话，谁也不可能抢走；而如果是自己的能力不够，那终究会失去。

再者，在让自己变得豁达的同时，也要坦然地承认自己的嫉妒，只有承认之后才能正视自己的问题，从而找到最佳的解决办法。而不是不断地掩饰，使得自己精疲力竭，最后心态失衡，得不偿失。

当然，以上内容并不是要为嫉妒辩护和开脱，而是说我们可以正视嫉妒这种情绪，使之充分发挥积极的作用。除了嫉妒之外，还有贪婪、自大等所谓的负面情绪，我们同样要坦然面对，理性解决。只有真正地正视这些情绪，才会放松自己的心灵，不至于由于这些情绪的不良影响而负担过重。如此，才能把这些情绪带来的消极影响转化为动力，以轻松、健康、向上的心态面对生活，给心灵松绑。

心理懒惰害死人

上个周末，笔者在网上和朋友小张聊天，问他工作找得如何。小张没有正面回答，含糊几句之后就开始顾左右而言他。无奈之下，笔者放弃了继续追问，只是关照了几句，便草草结束了这次聊天。

其实，早在一个月以前，笔者曾张罗着帮小张找过几次工作。第一次是教师，和他的专业比较相符。小张过去填了表格，得到了三天后去学校试讲的通知，笔者反复劝他回家好好准备，信心十足地应对这次试讲。谁料，之后的两天小张依然故我，每天晚上看小说到黎明，然后一觉睡到傍晚，出去吃点东西后再去网吧玩游戏到十一点多，回到家继续看小说到黎明……

第三天上午，笔者赶到小张家，问他准备得如何，得到的答复却是看完手里的小说就去准备。等小张一脸茫然地放下手机时，距离面试时间已经不足一个小时了。结果当然可想而知——面试失败了。

之后，笔者又帮小张介绍过几份工作，情形大致类似，面试之前总是百般推诿不做准备，再到后来，索性连面试都不肯去了。问他原因却只丢过来一句话：反正面试也过不了，还不如不去。最后就变成开头提到的那种情况。

朋友小张的这种情况就是一种典型的拖延症。所谓拖延症就是自我调控失败，在明知道会出现不良结果的前提下，依然会把之前计划好的事情延后。就如同小张一样，其实在每次面试之前他都很清楚，如果自己不做准备就肯定无法通过面试，但依然每次都会因为看小说、玩游戏、睡懒觉等一系列状况而占用了为面试做准备的时间。以至于在一次次的面试中不断地惨遭失败，渐渐形成了一个恶性循环，最后终于丧失了自信，不愿意再去尝试着参加面试。

明知道不做准备就会面试失败，但依旧我行我素。其实，这种情况在我们的身边并不罕见，甚至可以说比比皆是。仔细想一想，大家在日常生活中或多或少都会存在不同程度的拖延症：有些人早上到了单位后，第一件事就是打开电脑浏览网页，在各种八卦新闻、小视频甚至无聊的游戏的诱惑中欲罢不能，等到回过神来准备工作的时候已经时近中午了。这样一来，上午的工作就只能推到下午完成，那么下午的工作呢，也只好晚上加班或者留到第二天。那么第二天呢，也许又是同样的状态……而形成这种恶性循环的原因只有一个，那就是自控力太差！

生活中的一些小问题总会被这种拖延无限地放大，最终，小问题成了大问题，一发不可收拾，甚至对于个人来说成了灾难。患有拖延症当然是一件很痛苦的事情，因为一直拖延才导致工作需要加班完成，这必然会造成身体上的疲惫。而且一味地拖延下去，既耽误了工作进度，又会给自己带来心理压力，长此以往，患者必将身心俱疲，甚至导致各种生理或者心理疾病。那么，面对这种拖延的情况时，我们应该怎么做呢？

要形成习惯

对于那些拖延程度比较轻的人来说，每天先把自己要做的工作梳理一遍，然后关掉无关的网页，把手机放在包里或抽屉里自己看不见的地方，从而努力将注意力集中到手头的工作上。刚开始，可能还会时不时地走神，但是坚持下来你就会发现，以前是一晃神儿快下班了工作还没做，现在却是一晃神儿还没下班工作早就完成了。久而久之，按时完成工作便成了一种习惯，拖延症自然也就不治而愈。

要养足精神

对于日常生活来说，不论在什么情况下，当你精神疲惫的时候，都是无法专心工作的。因为无论是瞌睡还是头疼都会使你无法专心起来，自然会分神去关注别的事情，给了那些诱惑以可乘之机。Quora 上面有一个很有趣的关于 Rex 和 Albert 的解说：Albert 是指人类的理智，形象是一位老爷爷；Rex 则是人类的动物本能，形象是一条小蛇。当你又饿又累、疲惫不堪的时候，无论你多么冷静理智，Rex 都会拒绝你那些该死的决定。因为它不会说话，所以它不会和你讲道理，它想要的只是去睡觉、去吃东西、去玩耍；而作为老爷爷的 Albert 虽然努力保持着理智，但毕竟年纪大了，精力不足，在 Rex 调皮捣蛋的闹腾之下，只会更加疲惫，自顾不暇。所以，要想让理智爷爷 Albert 获胜，我们就要规律作息，养足精神。每天晚上准时睡个好觉，第二天早上当然就会变得精神饱满，再吃一顿营养的早餐，就能保证一上午都精力充沛、神采奕奕。

要强制自己进入工作状态

孩子的天性就是爱玩爱闹，但是环顾一下周围的孩子，大部分都是老老实实去学校上课，难得有个礼拜天，还要被钢琴、舞蹈、绘画等“大人的兴趣”科目占得满满当当。要知道，孩子之所以会去学习，并不是自己有多理解学习的重要性，而是来自大人的劝说甚至强迫。同理，我们的惰性就如同孩子的天性，需要我们去反复说服与约束，管教它不会给我们带来不必要的麻烦。所以，在你不想工作的时候，压制着自己散漫的天性，强制自己进入工作状态，起初也许会心存抵触，时间久了，就会渐入佳境。

要营造一个适合工作的环境

当孩子总是想出去玩，不愿意学习的时候，大人通常会给他们安排一个安静的场所：屏蔽一切杂音、关掉电视、藏起电脑、把玩具放在高高的柜子顶上……这样一来，娱乐的东西都没有了，断了念想以后自然就可以认真学习了。对于拖延症也是一样，在嘈杂的环境里只会令自己更加心乱如麻、拖拖拉拉，关闭网页、藏起手机，往往会使我们心无旁骛，能够更好地沉浸到手头的工作中去。

要想清楚后果

在孩子不听话的时候，大人们经常会说“再不听话就把你丢出去喂狼”，孩子们虽然不懂喂狼是什么样的情形，但始终知道那是一件可怕的事。对懒惰成性的大人们也一样，当自己实在无法克制泛滥成灾的惰性时，不妨在心底认真地考虑一下任性的后果，也许会把休息时间搭进去加班，也许会被扣一大笔薪水，甚至会有被炒鱿鱼的危险……想到这些糟糕的结果，相信很多人就会严肃认真起来。一旦考虑到最坏的结果，大部分人都不会选择继续拖延，正像大多数孩子不会选择被丢出去喂狼一样。

只有三分钟热度的人

人们常说万事开头难，其实很多人在刚开始做一件事的时候是很容易进入状态的，反而在需要坚持下去的时候，大部分人才打了退堂鼓，也就是我们所说的“三分钟热度”。

社会心理学中有一种效应叫做“半途效应”。所谓“半途效应”是指人们在进行某种行为的过程中，由于某些心理因素或者环境因素的影响，导致人们对目标行为产生的一种负面情绪。通俗地说，就是在做某件事情的时候突然不愿意继续了，也就是我们上面提到的“三分钟热度”。

“三分钟热度”产生的主要原因有两个。

目标选择得不合理

以前，很多学生在报考大学的时候都会选择计算机专业，因为他们喜欢玩电脑，所以理所当然地认为每天和电脑打交道的专业应当是非常有趣的。但是，当他们真的读了大学，了解了计算机专业之后，才发现自己之前的想法只是一厢情愿罢了。于是，对自己专业的厌恶由此而生，大学也很可能因此变成了混日子的地方。

自身意志力的薄弱

很多时候我们之所以会去做某件事情都是因为自己的兴趣，但兴趣只是让我们有了一个开始，想要继续下去还需要意志力。就如同选择了计算机专业的同学一样，想要学会在电脑上运行某些程序很简单，但要学习编写某个程序就会比较复杂。人都是有惰性的，越困难的事情就越想逃避。当你对编程的兴趣不足以战胜你的惰性时，就需要强大的意志力来约束自己，让自己必须去学习；如果自身的意志力不强，自控力比较差的话，自然就会陷入“越困难越逃避，越逃避越困难”的恶性循环。

网络上曾经掀起过一阵关于“三分钟热度”的大讨论。一位网友说自己虽然也有这样的毛病，但似乎并没有造成什么不好的后果。其实，不是真的没有造成不好的后果，而是这位网友自己并没有发现罢了。在学校里，只要保证学习不太差，甚至只要不挂科就会过得比较轻松。但是迈入社会之后就没有那么简单了：工作中经常会遇到各种各样的麻烦需要我们去解决；如果一遇到问题就退缩，恐怕不仅老板不满意，自己也有可能因此而丢掉工作，即使再找到工作也很可能会被辞退；再者，做什么工作都是“三分钟热度”的话，眼看着同龄人都买房买车、娶妻生子，自己却依旧一事无成。

那么，我们该如何克服自己的“三分钟热度”呢？

选择合理的目标

心理学认为，人的行动都会受到动机的支配，合理的目标才会使自己有足够的动力去完成它。以学计算机专业为例，并不是一开始就会像电影中的黑客那样，只要电脑在手，几乎无所不能。如果把自己的目标定得又高又远，当你付诸实际行动之后，就会发现自己达到目标的希望似乎很渺茫。此时，心中就会对当初设立的目标产生怀疑：我真的可以吗？或许我设立的目标根本就不可能实现！这样一来，你从心里否定了自己之后，自然也就无法拥有足够的动力去实现自己的目标，毕竟对于一般人来说，谁会为了一个虚无缥缈的目标而竭尽全力呢？

制定详细的计划，必须从简单做起，从小事做起

比如强制规定自己每天必须看一页书，或者每天背十个单词，长期持续下来就会养成每天坚持做某件事情的习惯。对于人生的长远目标来说，最重要的就是坚持，每天坚持做一点，终有一天能够实现自己的理想。

培养自己的兴趣

小李弹得一手好琴，但当旁人问起她学钢琴的经历时，却听到了一个令人哭笑不得的故事。原来，在读小学时，家里就给小李报了钢琴学习班。由于小时候贪玩好动，一整天坐在那里练琴对于小李来说，简直就是世界上最痛苦的一件事情。所以，每次去学琴，小李都会哭得撕心裂肺，最终父母实在拗不过她，只好放弃了让她继续学琴的打算。上了初中之后，小李却突然对钢琴曲产生了兴趣，几乎每晚都是伴着理查德·克莱德曼的曲子入眠。于是，她又央求家里再给她报个钢琴学习班，虽然只能在每个礼拜天补完文化课后再去学习，但她依旧乐此不疲，哪怕因此占用了自己本来就不多的休息时间。朋友们嘲笑她早知今日，何必当初，但小李振振有词地反驳道："开始是他们强迫我学，我不知道学钢琴有什么好处，为什么要去学。后来再去学是因为我自己喜欢，我愿意学。"

在克服坏习惯的方法中我们曾经提到，当你找到改掉某个习惯的理由之后，自律自然就成了本能。同样，当你对自己的工作产生兴趣之后，当然就不会在

意那些困难和辛苦。别人认为辛苦，你却自得其乐。

威胁自己

当你还不能很好地做到上面几点时，就需要适当地给自己一些压力。例如把自己的计划告诉周围的朋友，让他们共同监督自己；或者让自己明白做不到的后果，如同电影《同桌的你》中，周小栀要求林一英语必须过四级的理由——过不了四级毕不了业。

从心理学上讲，每个人的惰性都是天生的，每次努力都是一次意志和惰性的交锋，如果我们轻易放弃，自然会使自己成为一个只有“三分钟热度”的人。**但是，如果我们每次都迎难而上，就不仅锻炼了意志力，还在一定程度上令自己更容易实现自身价值，从而得到他人和整个社会的肯定。**

每天进步一点点

“不积跬步，无以至千里；不积小流，无以成江海。”这是荀子《劝学》中的一句话，意思是我们不论做什么事情都要从点滴开始积累。

有段时间，李阳疯狂英语在学生群体中非常火爆，很多学生都争相购买过一套由李阳撰写的，名为《五分钟突破》的系列书。其中的观点就是，我们学习英语不需要专门腾出大块儿大块儿的时间，只需要每天上学路上的五分钟、课堂之间的五分钟、午休前的五分钟便可以学好英语。很多同学都按照书上的办法去学习英语，效果显著。

人在某个固定的时间段的接受能力是有限的，因为人的意志力是有限的，当意志力消耗殆尽的时候，注意力就很难集中起来，这时候做多少工作都是无用功。就如同记单词一样，一个小时可以记多少单词？很多人都会说可以记很多，但是一个小时中记下的这些单词过一周后还能记得多少，估计其中的大部分都会被忘记。在李阳疯狂英语的训练当中，虽然每次的学习时间只有短短的五分钟，单次的词汇量也很少。但正是因为量很少，所以很容易重复，不断地重复，这样的模式下虽然每次记忆的量都不多，却胜在记得牢固，长时间积累下来，自然就会有很大的进步。

这些道理虽然说起来简单，但是在实际生活中做到却没有那么容易。因为人都有欲望，而集腋成裘的过程却是很煎熬的，虽然结果看起来很诱人。我们在这个过程中会遇到很多障碍。

第一个障碍是迫不及待的心理。前面我们说过，小孩子在有欲望的时候就要求“立刻得到”，大人也同样如此。大部分人都知道绳锯木断、水滴石穿的典故，但很少有人真正有那个耐心。有一个关于猴子的小故事，讲的是一只猴子想去远方的一座山上摘桃子吃，但它却不愿意走着过去，因为它觉得那实在太慢了。于是它向老鹰求助，老鹰说：“你不能飞，就只能走着去，你看你的同伴不都在去那座山的路上吗！”但猴子说：“你可以带着我飞过去。”老鹰禁不住猴子的再三请求，只好带着猴子飞上了天。猴子飞上天空后兴奋地大喊大叫，当看见比自己出发早的同伴，眨眼间就被自己远远地甩在身后时，猴子志得意满地嘲讽着自己昔日的伙伴。老鹰听见之后，气愤不已，于是松开利爪，把猴子从半空中扔了下去。猴子的故事就这样惨淡落幕了。

我们每个人其实都是那只猴子，在面对远方的桃子的诱惑时，不愿意一步一步地走过去，只想着可以一飞冲天摘取仙桃，结果狼狈地跌倒在半路。顽强一点儿的会继续站起来等待下一只老鹰的飞过，摔得重的可能就再也无法继续出发。我们总是太过于执着最后的结果，眼睛总是看着太远的地方，以至于忽略了眼前的坎坷，忘记了行路的艰辛，以至于随便一个跟头便可能令我们再也爬不起来。

第二个障碍是不能坚持。也有人可以克制自己“立刻得到”的欲望，愿意按部就班地达成自己的目标，但最后也没能成功。这是为什么呢？我们又要讲一下第二只猴子，第二只猴子看到第一只猴子的遭遇后，自然不愿意重蹈覆辙，它选择一步一步地走到那座山上去。但是，当它走了一段路之后，突然觉得很累，于是就坐下来休息，同伴招呼它的时候就随口敷衍一下：“你们先走，我歇一会儿就赶上去。”每次有路过的同伴，它都会以这样的借口搪塞，直到路过的同伴越来越少。这时候它知道自己必须出发了，要不然桃子就会被别的猴子吃光了。但走了一段时间后它又停下了，因为距离上一次吃东西已经过去很长时间，虽然现在不太累，但却饥肠辘辘的。无奈之下，它只好在周围寻找食物，总算找到一种不太难吃的果子。这只猴子边吃果子边望向远处的那座长满桃子的山，心想：太远了，路上一个同伴也没有，而且在这里也饿不死，还是不要去那座山了。就这样，第二只猴子就选择在半路定居了。

我们很多人侥幸逃过了欲望设下的第一个陷阱，但是却又不幸地变成了第二只猴子。人生就是一个不断寻找“桃子”的过程，很多人都会在寻找的路上放弃。究其原因，则是因为抵抗不住安逸和懒惰的诱惑。这时我们不仅不再执着于最终的结果，甚至连路上的风景都放弃了，在半途效应的作用下，我们令自己前半程的努力化作泡影、付之东流。

那么，我们如何解决这两个障碍呢？很简单——自控力。当我们在完成某个任务或者向着某一个目标奋斗的时候，不光需要满腔的热情，还需要冷静下来之后的坚持，而这靠的就是我们的自制力和顽强的意志。不需要日行千里、夜行八百，“骐骥一跃不能十步，驽马十驾功在不舍”，只要我们以强大的自控力保持每天进步一点点的状态，终有一天会达成我们的目标。

勤奋与聪明相伴

“天才等于百分之一的灵感加上百分之九十九的汗水。”这是我们从小就被教导的一个观点。以至于很多年来，我们一直把它奉为至理名言，一次次写进我们的作文和日记当中。但是，随着年龄和阅历的增加，我们渐渐发现这句话似乎并不是真理。因为总有那么一部分人看起来似乎并没有那么努力，但是得到的却比我们要多很多。于是，我们把这归结于一个词——幸运。

一次两次是幸运，那么三次五次呢？怎么可能有人总是那么幸运呢？仔细观察之后就会发现，这些幸运儿都很聪明。与此同时，网上又开始流传一句话，据说是爱迪生关于勤奋的后半句名言：“这百分之一的灵感，比百分之九十九的汗水更重要。”有了这句话，十几年的“冤屈”终于得以“昭雪”。

笔者曾下决心要在网上找到这句话存在的证明，经过烦琐漫长的考证之后，结果却令人大吃一惊。这后半句话果然不是爱迪生所说，即便是前半句也不是爱迪生的原话。爱迪生原话的意思是：当有了这百分之一的灵感之后，就要付诸百分之九十九的行动，让这百分之一的灵感成为百分之百的现实。

于是，旷日持久的讨论告一段落，我们赖以维护面子、满足自尊的理由也被证实并不存在。那么，接下来，最初的问题再一次摆在了我们的面前：到底是聪明的人会成功，还是勤奋的人会成功？

斯坦福大学的一位心理学教授曾经做过一个很有趣的心理学实验：将一批孩子分成两个小组，先让他们做一套简单的试题。做完之后对第一个小组的孩子说“你们一定很聪明”；然后对第二个小组的孩子说“你们一定很努力”。之后，再让他们做另一套比较难的题，结果发现被赞扬“很聪明”的第一组孩子的试题完成率，远远不如被赞扬“很努力”的第二组孩子。

对于孩子来说，老师的鼓励相当于一种肯定的心理暗示。对第一组的孩子而言，在他们的认知中，之所以第一次考得很好，是因为自己很“聪明”。所以，拿下那些题目也是理所当然的事情，而当题目变难了之后，自己的聪明似乎不那么有效了，而完不成题目自然也就成了理所当然的事情。但对于第二组孩子来说，在他们的认知中，自己之所以能很好地完成第一套试题，原因无他，只是因为自己努力了。所以，当题目变难之后他们依然会认为，只要自己努力就可以解决问题，结果自然会比第一组的孩子表现得更好。

实验的结果似乎又表明了只有勤奋才可能获得成功，证实了那句令我们“痛苦”了整个童年的名言。但另一个关于勤奋和聪明的心理学小故事却跟着唱起了反调。

有两只蚂蚁想要翻到墙的另一边去寻找食物，其中一只二话不说就开始往墙上爬，另一只却在墙角下不停地四处张望。由于墙面很光滑而且墙也很高，第一只蚂蚁有好多次都从墙上掉了下来，但它并不气馁，而是很快地调整好自己再次向上爬去。经过许多次的失败之后，第一只蚂蚁终于爬上了墙头，当它满心欢喜地想着自己终于可以吃到可口的食物时，却发现另一只蚂蚁早已经在那里开心地大吃大喝。

这个故事说明了什么？聪明比勤奋更容易获得成功？当然不是。古人说勤能补拙，自然是有一定道理的。这个故事告诉我们的并不是勤奋和聪明孰优孰劣，而是纠正大家的一个因思维定式而形成的错误观点：勤奋和聪明是对立的。

我们为什么一定要把二者对立起来呢?

让我们回到开篇的那个疑问，为什么有些人看起来并没有多么努力，但是得到的总是比我们多呢？答案当然不是因为他们的幸运，而是一个我们早就应该想到的原因——他们不光勤奋，而且聪明。至于我们觉得那些成功者似乎并没有多么努力，那只是因为我们潜意识中的嫉妒。心理学认为，当一个人嫉妒另一个人的时候，总会自觉不自觉地否定那个人的一切优点，这是一种正常的情绪。那些成功者就如同上面故事中的第二只蚂蚁一样，它本来是和第一只蚂蚁一同决定翻过墙去寻找食物，所以从出发点来看它们是一样的勤奋，真正懒惰的蚂蚁大概还在角落里等待着，看人类什么时候会丢下几粒面包碎屑，但与第一只蚂蚁不同的是，它的勤奋不是没头脑地往前冲，而是谋定而后动。

心理学中有一种效应叫做“懒蚂蚁效应”。在一大队勤劳的工蚁当中，总有那么几只四处张望不肯努力“工作”的蚂蚁，这些蚂蚁被叫做“懒蚂蚁”。但是当工蚁们因为找不到食物而团团乱转的时候，这些“懒蚂蚁”却可以不慌不忙地带领队伍去寻找食物。故事中的第二只蚂蚁就是一只“懒蚂蚁”，在看似偷懒的时候，它其实已经找到了更好的努力方向。所以，那些看起来不怎么努力就能获得成功的人就是人类中的“懒蚂蚁”。

在成功的道路上，勤奋和聪明是相伴而行的，没有什么人是可以不劳而获的，聪明的人也需要勤奋，懒惰的人再聪明也无法取得成功；反之，只知道埋头苦干的人确实勤奋，却不一定会拥抱成功，正如勤奋的建筑工人有很多，成功的建筑承包商却只有那么几个。所以，**我们不光要勤奋，也要聪明，这里的聪明并不是智商的超群，而是勤于思考、善于思考。只有在勤奋和聪明的共同辅佐下，我们才能更快地走上成功之路。**

第七章

少成习惯成自然

牵着生活的鼻子走

我们的日常生活是什么样子的？繁忙？乏味？各种各样的励志书籍不断地鼓舞和激励着我们，每天都在告诉我们生活有多么美好。但是，我们在虚心地学习这些励志者的经验的同时，也在不断地寻求解决另一个实际困难的办法，那就是如何应对压迫感越来越重的生活。

好不容易熬到了礼拜天，觉得终于可以放松一下自己，于是，郑重其事地做出了一个决定：今天晚上困了就睡，第二天保证七点钟起床去打羽毛球锻炼身体。结果，晚上打开某部小说看得上了瘾，呵欠连连也舍不得放下，只得泡了一杯茶提神。一直到十点半，茶水似乎也渐渐地失去了作用，放下手中的书准备睡觉。这时候，一个朋友的电话打了过来，接还是不接？犹豫了一下还是接了，这么晚打来一定有事，果然，电话那头啰唆了一堆烦心事，于是，不得不泡一杯更浓的茶，耐心地分析和开导；好不容易互道晚安挂掉电话，却发现早已睡意全无，恼怒地看着手里见底儿的茶杯，犹豫了一下只能继续看小说打发时间，不知道是什么时候睡着的，只知道醒来以后已经是上午十点多了。发现错过了打羽毛球的时间，不禁有些沮丧，懒洋洋地躺在床上半天不愿意动弹。猛地想起了什么，急忙打开电视，却发现自己喜欢看的访谈节目已经进入尾声；犹豫着要不要去吃个午饭，想想还是做些正事，不然一天又要荒废了，打开电脑之后，鼠标却径直点向了网络播放器。感觉头有些昏沉的时候，已经是下午四点钟了，午饭已经耽误了，想想可以和晚饭一起解决也不错，自嘲地笑了笑动身出去吃饭。在外面晃荡了一会儿，再回到家时发现已经是六点多了，正想着是不是该工作一会儿的时候，朋友的电话再次不期而至……

网络的虚拟性使人们可以不用再掩饰自己，很多人都在网上叫喊着生活好累，生活好无奈。有时候一想，似乎我们还真的是不停地被生活牵着鼻子四处乱跑，几乎没有完全属于自己的时间。可事实呢？很多时候，不是生活强迫地牵着我们的鼻子走，而是我们心甘情愿地被牵着走。

那么，如何能够主动地控制生活的节奏，使自己不要总是那么累呢？其实很简单，最有效的办法就是提升自控力。

良好的自控力可以使我们更好地控制行为习惯，不至于被一些坏习惯一直左右，所以，首先要做的就是改掉自己的坏习惯。坏习惯之所以被称为习惯，说明它在一定程度上就是我们的本能反应，时时刻刻影响着我们的生活，比如拖延症、强迫症等。在开篇的小故事中，为了看一部精彩的小说而不顾时间的流逝，违背身体的意志，靠喝茶提神就是一种强迫症；而挂了电话不及时入睡，再次去看小说则是一种拖延症。我们要战胜这些坏习惯，就必须要有强大的意志力。

一直以来，意志力都被我们认为是一种爆发力，实际上，它是一种可以不断成长的本能。所以，我们需要通过运动、冥想等多种训练方式来提升自己的意志力。**只有意志力提高了，我们才能更好地控制自己的生活节奏，而不是被生活牵着鼻子走，然后跟在后面不停地抱怨。**自控力强的人在面临新选择的时候，都会从长远的角度来看，或许我们失去了一个睡懒觉的机会，又或许我们失去了一次看完小说的满足感。但是，从长远来看，我们不会再因每天熬夜而睡眠不足，也不会因看小说影响了工作而懊恼不已。

当然，过刚则易折。一些自控力还算不错的人同样也在抱怨生活，这并不是因为他们意志力不够坚强，而是他们过度地消耗了意志力。**意志力并不是无中生有的，它和我们的身体状况以及精神状况都有很大的关系。**所以，那些被生活牵着鼻子走的人并非生来就不理智或者目光短浅，也不是只顾当下不顾将来的人，他们只是太疲惫了，根本无力抵抗那些最本能的冲动。在这种情况下，我们真正需要考虑的，是该如何支撑住最疲惫的自己，而不是幻想突然意志力爆发，幻想那个最理想的自己超人般地跑出来拯救一团糟的生活。

提高自控力是一方面，认真地规划自己的生活也非常重要。毕竟意志力只是当诱惑来袭的时候，为我们加持、提高自身抵抗性的一种作用力，它并不会帮我们去选择，所以即使有了强大的意志力，也需要我们对自己的生活认真进行规划。而在这份规划中，不必要写清每时每刻需要做的事，但必须明确我们需要在多长的时间内达到什么样的目标。这样明白了自己的追求之后，我们才能朝着目标坚定地走下去。

最后，我们有了目标，也有了自控力，成功看起来似乎离我们只有一步之遥，但还有一点不容忽视，那就是调节。人之所以不同于其他动物，就是因为人类有自我意识，所以我们有时候会斗志昂扬，有时候也会觉得疲惫不堪。意志力并不是永动机，而我们的身体也不是可以无休止运转的机器。所以，在感觉自己的疲惫已经超过限度的时候，我们必须强迫自己休息调整，让自己有充分的机会恢复状态。

确立了自己的目标，锻炼出顽强的意志力，然后适当地调节放松，理顺了这一系列流程之后，你会发现整个生活都变得游刃有余。此时，不论是紧张的工作还是朋友的倾诉，都不再是令你无可奈何的理由，面对生活你完全可以自主作为，牵着生活的鼻子从容前行。

恶性循环变良性循环

生活中很多习惯都会左右我们工作、学习以及待人处世的态度，好的习惯可以帮助我们，坏的习惯则会不断地给我们增添麻烦。可是，你有没有问过自己，我们曾经以为顺其自然的那些事，为什么结果会变得不尽如人意呢？

为什么明天一定会有时间

“今天作业实在太多了，所以，预习就放在明天吧。”

“今天工作实在是太累了，所以，明天再去跑步吧。”

“今天天气实在是太热了，所以，明天我再去找工作吧。”

明日复明日，明日何其多！为什么我们总是习惯性地把事情推到明天去做呢？不是今天真的很忙，也不是明天一定有空闲，而是我们总觉得一定还有明天。这是很明显的一种拖延症状，人们总是不愿意立刻完成手中的工作，原因看起来五花八门，但总结起来不外乎两点：一是没有动力，宁愿发一会儿呆也不愿意继续手中的工作；二是被其他的事情耽误，比如看完这部电影我就开始工作，或者打完这局游戏我就去工作。归根结底，还是自控力不强，遇到诱惑时总是情不自禁地选择暂时的“享受”。

知道自己应该做什么，却没有去做，这说明自己还是有意志力的，只是没有坚持到底罢了，这种情况被心理学家称为“有限意志力”。也就是当我们在选择“即时奖励”和“未来奖励”的时候，“即时奖励”更容易激活我们自身的奖励系统，从而刺激相应的多巴胺产生欲望，而这种欲望很容易使我们放弃对未来奖励的坚持。这就需要我们用意志力来延迟这种对快感的欲望，具体要做的其实很简单，那就是坚持十分钟。

“十分钟法则”是克服坏习惯的一种方法。比如说一个准备戒烟的人，每次他想要抽烟的时候就等待十分钟。这十分钟里面他有可能会想他为什么需要戒烟，也有可能会去忙其他的事情而暂时忘记了吸烟，但最有可能的是他会不耐烦地看着手表眼巴巴地等着十分钟的结束。这对于一个刚开始戒烟的人来说，无疑是很困难的，可能他只坚持了五分钟就放弃了，但只要他肯坚持，慢慢地就会觉得其实十分钟也不是很难。这些都不是最重要的，重要的是他终于敢于肯定自己是一个可以戒掉烟的人，这无疑会令他信心大增。所以，当我们对工作产生倦怠的时候，也可以试试“十分钟法则”，告诉自己“我再坚持十分钟”。十分钟之后，你很有可能已经进入了工作状态，之后便从容地完成了一天的工作。这样一来，便可以甩掉每天工作完不成、工作越积越多、越来越发愁的恶性循环。

为什么无心插柳柳成荫

“西红柿”是一个网络小说家，大学毕业后找工作时四处碰壁的经历，终于迫使他放弃了去寻找一份众人眼中“像样的工作”的想法，开始潜心创作小说。被他的第一部小说吸引过来的一大群读者令“西红柿”对自己的能力更有信心。于是，在第一部小说完成之后，他迅速投入了第二部小说的创作之中。“西红柿”给自己定的目标是一周之内上架收费，这样生活就有了保障，写作也有了动力。但没想到的是，他的第二部小说虽然仍旧有不少的点击量，却偏偏收藏量少得可怜，所以迟迟不能上架。心急之下，他悄悄地花钱找人帮他刷够了上架所需要的收藏量，本以为终于可以一边开心地写东西，一边赚取必要的生活费用，可谁料上架后这本书的点击量突然一落千丈。“西红柿”顿时觉得信心全无，开始长时间地卡文，经常一天过去都写不出一章。不能按时更新使得他的成绩更加惨淡，不久之后，“西红柿”便放弃了写作。

无独有偶，另一位作家小张也遇到了同样的问题。但心态良好的小张却索性不再考虑自己小说上架收费的问题，只是卸下重担，轻松写作，有灵感了就去写一写，权当是一种爱好和娱乐。谁知，不久之后编辑却主动找到小张要和他签约，就这样，小张成功地靠写作赚到了人生的第一桶金。

人们常常会心生困惑：当自己朝着某个方向努力的时候，却总感觉困难重重不得入其门，但在自己打算放弃时，反而会突然出现转机，眼前瞬间柳暗花明，很多以前走不通的路都变成了通途。这是为什么？

这世上，没有谁一定会成功，也没有谁一定会失败。当“西红柿”觉得自己一定会成功的时候就变得有些固执，认为自己心中的愿景必须要实现。比如在收藏不够的时候，就觉得有必要找人“帮忙”刷一些收藏。但当成功上架之后遭遇点击量骤减之后，又使他的信心备受打击，开始患得患失，怀疑自己是不是写得很糟糕，用各种挑剔的眼光审视自己的作品，越看越觉得自己写得糟糕透顶。最后，他终于找到了原谅自己失败的理由——“我是真的不行。”而小张呢？索性顺其自然，反正也不能用来盈利，功利性也没那么强了。不再去纠结怎样迎合读者，不再忧虑自己写得到底是好还是坏，只是埋头练笔，思考自己究竟该怎样写，顺着这样的思路一天天进步，自然会有很多意料之外的收获。

所以，当我们遇到挫折的时候，一定不要过分地夸大这份失败感，这样会使我们陷入越来越糟的恶性循环。而应认真地检视自己的成果，不断地充实自己，抛开那些影响我们心情的功利因素。

为什么每天晚上睡不着

每当深夜降临的时候，总会有人因为失眠而辗转反侧，为什么我们在晚上总是睡不着呢？很大一部分原因是白天“休息”得太多。也许有人要出来反对了：“怎么可以说是白天休息得太多呢？我一整天都在学习（或者一整天都在工作）啊。”真的是这样吗？那么你这一整天确实都在认真工作或者学习了吗？相信很多人都有过这样的体验：盛夏里，在下午的课堂上，老师在讲台上滔滔不绝地讲着课。教室里的我们却渐渐地什么也听不到了，眼皮子越来越沉，直到同桌突然推了自己一下才恍然清醒，发现自己的本子上不知道什么时候画上了好多不知所云的线条。

随着时间的推移，我们的意志力和精神力都在不断地消耗，这种消耗需要睡眠来进行补充。这种睡眠可以是随时的，也没有时间长短的限制，我们常说的八小时睡眠其实指的是一次性睡足八小时就可以让我们坚持一天不困。虽然我们看起来一天都在上课或者工作，但其实其中的一部分时间都被我们用来偷偷打瞌睡了。一整天的昏昏沉沉使得我们根本无心认真学习或者工作，反倒是会利用断断续续的小憩使我们的精力渐渐地恢复。等到下班或者下课后，回家时的赶路足以把已经消耗的所剩无几的困意完全消除，回家后我们自然就感觉不到丝毫困意，而且手机、电脑里五花八门的东西更容易让我们集中精力，克服困意。久而久之，就形成了晚上不瞌睡，白天不清醒的恶性循环。

那么，我们要怎样解决这个问题呢？方法很简单。只要你坚持上午认真工作，中午稍微补充十几分钟的睡眠，这样就完全可以有足够的意志力坚持到下班。回家之后，要在十点之前准时上床，不要玩电脑也不要玩手机，可以听一些舒缓的音乐，一天的辛苦工作足以让你很快进入睡眠。只要长期坚持下去，相信一定可以很快把你的恶性循环矫正过来。

很多坏习惯都会让我们在日常生活中形成一些恶性循环。这些坏习惯会导致我们的生活变得一团糟，还会令我们的意志力逐渐下降。这时候，就需要我们努力克服这些坏习惯，让好的习惯逐步取代它们，进而在生活中形成良性的循环。

五分钟的意志力锻炼

随着社会的发展和时代的进步，人们早已由几年前的一味追逐金钱变得注重生活质量。对孩子的培养也渐渐由原来的“只要学习好”演化成了“各方面都要好”，所以，一些家长开始重视孩子的意志力培养。也正因如此，我们经常可以听到某某家长带着孩子徒步行走了多少公里，或者是某某一家爬上了某座有名的高山。他们总觉得这样一来，孩子的意志力就得到了极大的锻炼，就会变得更强大。但是，真的是这样吗？

我们不能武断地说这样做完全没有用，但这始终不是一种最好的意志力锻炼方法。因为，在日常生活中我们更需要的意志力是坚持，而不是爆发。有人又要不理解了：爬上一座山或者徒步行走不也是一种坚持吗？其实不然。因为爬上一座山最多也就需要一两天，徒步行走也不会花费太长时间，只要熬过了这一段时间，他们便可以尽情地放松，而且这种锻炼也无法长时间不间断地重复进行。从行为营销学上来说，这是一种“即时奖励”，因为很快就可以完成，然后得到奖励。但是，对于我们日常生活中的学习、工作来说，动辄就要坚持几年乃至数十年，这是一个把习惯培养成本能的过程，其难度和登上一座山完全不可相提并论。

托尼是个大学生，当别人开始关注金融和政治，并为自己的将来打算的时候，他却决定要当一名作家，因为他很羡慕那种十分自由的工作状态。于是，他在一个小说网站注册了账号，开始了最初的写作，一开始，他规定自己每天必须写够五千字。第一天，他出色地完成了任务，因为他已经为这部小说构思了好几天；第二天，他勉强完成了任务，却突然发现即使将自己以前的构思全部展现出来也不够完成第三天的任务量，而且他觉得自己写得很粗糙，基本上就像故事梗概一样。幸运的是，在第三天来临的时候，托尼遇到了一位老师——小说网站里的一位前辈。这位前辈告诉托尼，刚开始写的时候一定不可以一味地求快，每天只要保持一两千字就可以。于是，托尼开始每天只写一千字，剩下的时间就不断地去修改、去构思之后该怎么写。不知不觉间一个月过去了，电脑中存储了一篇长长的文档，足足有四万多字，有的时候托尼有了灵感，写得刹不住车，一天会写到三千多字。而且，写作过程也一直很流畅，因为每天写的量很少，所以托尼有了足够的时间去构思。就这样积少成多，托尼的小说一天天成型了，而且日渐熟练的手法也使得他写作的速度越来越快，一切都朝着好的方向顺利发展。**所以，我们在做事情时不能一味求快，奢望一步登天，而要学会循序渐进、稳中求胜。**

意志力的锻炼同样如此，没有人可以一天就把自己的意志力锻炼到一个令人瞠目结舌的高度。如同开头我们所说的登山运动或者长距离徒步行走一样，虽然也会提高孩子的视野，但对于意志力的锻炼作用却没有那么明显。当大脑的奖励机制刺激了多胺巴产生欲望之后，人们就会开始渴望，但是，长时间的行走会让孩子在心里对“累”这个词的感触放大。虽然有了第一次的经验后，当再次需要去登山的时候，孩子们肯定不会怯场，但是他们也会有自己的判断。比如，大脑奖励系统给出的奖励并没有大到足够掩盖“累”在孩子们心里的感触，这时候孩子们就会选择放弃。这显然没有达到我们的目的。

我们曾经提到过在改正坏习惯时所使用的“十分钟法则”，在这里，为了养成一个好习惯，我们同样可以借鉴。但是，由于日常工作和学习的繁忙，我们完全可以缩短锻炼的时间，改为“五分钟锻炼法”。心理学家认为，只需五分钟的调节时间，我们便可以减轻压力、改善心情、提高自控力。同样，我们也可以用五分钟的时间来提升自己的意志力。比如，每天早晨我们要求自己必须慢跑五分钟，既不需要多长的时间，也不会消耗大量的体力，毕竟慢跑五分钟对于一个标准的400米田径场来说，也不过是跑两圈的强度。第一天，我们可能跑了一圈就不愿意跑了，没关系，哪怕是走下来也可以，只要坚持五分钟就好。然后第二天照旧，接着第三天、第四天……直到我们觉得跑完五分钟很轻松，我们再来试着坚持十分钟。

最后，这里所说的五分钟并不是很死板的要求每次锻炼必须坚持五分钟。这只是规定了我们坚持的最低限度，只要能够坚持最短时间的锻炼便会产生效果。还有一点，五分钟意志锻炼的重点不在于锻炼的内容，而在于长时间的坚持，直到这种锻炼成为习惯。如果你觉得运动不适合你的话，也可以试着散步、做瑜伽或者认真地听音乐，这些同样可以达到锻炼的目的，因为五分钟锻炼法的目的就是要让你学会长时间地坚持做一件事。如此，既锻炼了意志，又培养了好习惯，还不会花费太多的时间和精力，何乐而不为呢！

周期性释放心理压力

小梁是个工作狂，朋友和同事都这么认为。小梁的工作是销售，通俗讲就是给教育机构招生。每天他都会准时到单位打卡，完成一天的学习任务之后，便开始穿梭于各个招生点，几乎像个陀螺一样不停地旋转，但是，一到了礼拜天，就立马像是变了个人。

在周末，小梁会一觉睡到上午十点多，起床后做一顿丰盛的午餐，一边吃东西一边听音乐或者看电视，这个过程一般会持续一个多小时。之后的时间便会用来看看书，或者在楼下散散步。晚上就和朋友们一起聚个餐，然后按时上床睡觉。

我们都有过一种感觉：每个月总会有那么几天，情绪莫名其妙地低落，做什么都提不起精神来。这种情况就叫做情绪周期，与我们的生理状态和心理状态有着很大的关系，而当度过这样的周期之后，我们的状态又会变得非常好。对于普通的上班族来说，即便是再善于调节情绪、缓解压力的人，在繁重的工作和日常生活的重压之下，也难免会不断地积累负面情绪，所以，我们最好来一次周期性的彻底释放。情绪周期是我们的生理和心理自动调节的方法，而释放压力的周期则需要我们自己来调节。那么，怎样才能让自己的压力有一个周期性的释放呢?

首先，必须让自己的生活规律起来。所谓让自己的生活规律起来，并不是要一板一眼地规定每天的什么时间该做些什么，那样的生活本身就会因为枯燥而使我们产生抑郁和烦躁的情绪。这里的规律是让我们的生活有张有弛，比如礼拜一到礼拜五是工作时间，那么我们就要认真地完成自己的工作，坚决不让工作占用休息的时间。而礼拜六和礼拜天则除了必要的家务和交际之外，不去做大量消耗体力和精神的事情，如通宵打游戏等。只有让自己的生活规律起来，才能将自己的压力保持在一个可控制的范围之内。如果你从礼拜一工作到礼拜五，然后礼拜六逛街、在 KTV 通宵，礼拜天再打一整天的游戏。那么，下一周你肯定没有足够的精力去认真工作，而工作做不完就只能再推到周末，如此就形成了恶性循环。规律的生活可以让压力一次性地释放，也可以让疲惫的精神得到及时的恢复和补充。

其次，对自己要有清楚的认识和了解。要知道自己的承受能力，这样才能合理地调节自己的压力。我们知道压力会消磨意志，而意志力也正是在这种一张一弛的状态下才会成长，就像我们在锻炼肌肉的时候，必须把原来的肌肉不断地拉伸到极致，才会促使新的肌肉生长出来。所以，为了避免压力过大令意志力消耗殆尽，我们要减轻压力，但也不是把压力释放得一干二净，因为没有压力也就代表没有动力。所以，我们要对自己的承受能力有足够的了解，这样才能在适当的时间释放掉不能承受的压力。

最后，我们需要掌握一些释放压力的方式，要合理，更要有效。

比较直接的减压方式

比如拳击或者狂奔，这种方式适合于那些心理压力较大但是体能过剩的人群。运动本来就是一种很好的减压方式，据有关专家的研究，慢跑三十分钟就会减掉 25% 的压力。但是，有些时候慢慢地调节很难立竿见影地解决问题，而我们也没有那么多的时间去慢慢休养。所以，这里为大家提供一些较为直接的发泄方式，但必须根据自己的身体状况来实践，不能发泄了压力，却累坏了身体。在法国有一家“减压餐馆”，在餐馆里用餐时，客人可以随意掀翻桌子或者摔打椅子来发泄心中的压抑。虽然身边找不到这样的餐馆，但是我们可以找一个适合自己奔跑、呼喊的地方，这样做总比跑到超市里偷偷捏碎货架上的方便面要好得多。

比较能吃的减压方式

很多人在焦虑的时候会不停地重复做一些事情，比如不停地洗衣服或者不停地吃东西。当然我们这里的减压并不是让大家暴饮暴食，那样只是解决了心情压抑的问题，但会吃坏身体。医学研究发现，含有 DHA 的鱼油能很好地减轻压力，比如鲑鱼、白鲔鱼、黑鲔鱼、鲐鱼就是这种物质的主要来源。除此之外，硒元素也能有效地减压，金枪鱼和大蒜都富含硒；维生素 B 家族中的 B_2、B_5 和 B_6 也是减压好帮手，谷物中就含有这些元素，我们常见的粗粮食品就可以提供维生素 B 的补充。不过，这种方式需要长期坚持，而且需要一定的经济条件。

比较文艺的减压方式

写作或者唱歌都有助于减轻压力。唱歌的作用和运动比较类似，不过要文雅得多，而写作则是一种很好的减压方法。此外，很多时候，我们无法把自己心中的压抑倾诉给别人，那么，我们就试着讲给自己听，一边把自己压抑的事情写下来，一边还可以和自己反复讨论。如此，在释放压力的同时，也会帮自己总结以往的经验教训。

比较懒惰的减压方式

比如蒙头大睡，这种方式最适合每天四处奔波的上班族。一个星期的高强度工作下来，会使人的身体和心理都十分疲惫，这时候，他们根本就没有精力去发泄自己的压力。那么，美美地睡个懒觉，一个星期中消耗殆尽的精神和体力都会恢复，抵抗压力的能力自然也就恢复了。

比较花钱的减压方式

比如旅游或远足，这种方式适合经济条件较好，而且比较有空余时间的人。对于刚参加工作的上班族来说，旅游之类的减压方式无异于奢侈品，经济上也不会允许。但是，对于参加工作较久，有了稳定收入的人群来说，这无疑是一个不错的选择。还可以和家人一起去，既放松了心情，又亲近了因为工作繁忙而忽视的家人。

我们当然要锻炼自己的意志力，但归根结底，我们的目的是要让自己生活得快乐而不是痛苦不堪。**周期性地释放掉过重的压力，可以让疲惫的精神和身体得到恢复，也会让我们的心态变得更加积极。**这样，更有利于我们合理安排自己的生活，而不是整天在压力爆棚的边缘苦苦挣扎。

记录变化中的自己

提高自控力的过程并不是一蹴而就的，也不会一帆风顺。因为，每天都可能会有意料之外的情况出现，而且更多时候，我们会觉得自己的努力似乎并没有那么显著的成效。所以，在这一过程中，我们需要经常检视自己是否正在朝着预定的方向前行，同时也需要让自己清楚地知道走到了哪一步。

本杰明·富兰克林在回忆录中曾经谈到他年轻时的一段经历。那时的富兰克林下定决心让自己成为一个拥有完美品格的人，于是，他要求自己克服所有的缺点，不论是源于自身的行为习惯还是受别人影响而形成的缺点，统统都要克服掉。起初，他时刻约束着自己，严格地克制所有的缺点。但不久之后，他恍然发现了一件事：当自己努力克服着某一个缺点的时候，另一个缺点就会突然出现，就像打地鼠一样，总有某个坏习惯会在自己不注意的时候，偷偷地溜出来。于是，富兰克林决定把自己所认知的美德写出来分门别类，一项一项地分类之后，又给每种美德树立了一系列的小目标，比如富兰克林想做一个做事有条理的人，他就在下面标明了整齐地摆放物品、合理地安排时间等小要求。当然，自控力的使用是有限度的，所以，他并不会尝试着一次性完成所有的目标，而是一项一项地完成。他为自己制定了一个“十三周塑造完美品格”的计划，在一个本子上用列表的形式写出自己需要达成的各项目标，然后，每天将自己没有达到的目标做好标记。

富兰克林的小本子就好像是一块被分成若干份的土地，里面长满了杂草。每完成一项目标就像是除掉了一块土地上的杂草，这样，他就可以很清楚地了解自己的进度和效果。

在日常生活中，我们也可以采用类似的方式来锻炼自己的意志力，改掉一些坏习惯。比如一个人想改掉自己拖拉的习惯，那么他就可以给自己设立一些小的目标，如早上几点起床、起床后又必须在几分钟内洗漱完毕；到了单位后，又可以把自己一天的工作分成若干份，如一小时或者一个半小时完成其中的一项；等到晚上睡觉的时候，就可以通过一天的记录来审视一天的成果，按时完成了哪些项目，又有哪些项目没有完成，了解了这些之后，第二天就可以更有针对性地实行自己的计划。

当然，所谓记录日常的生活也不是随随便便地记录一些零碎的琐事就会有效果，其中还包括一些需要注意的事项。

明确自己的目标

我们在记录的时候必须有针对性，而不是盲目地乱记。比如我们要改掉拖拉的毛病，那么我们就只记录做事情拖拉的情况，其他的问题尽量不去记录，即便记录了也不要过多地去关注。因为我们一天之中的精力是有限的，克服每一个缺点都需要很多精力和意志力。正如俗话说的“贪多嚼不烂”，我们只要保证完成自己每天的目标即可，这样既有成就感，又不会给自己太大的压力。在明确目标中还有一项要求，就是要合理地制定自己的目标，并非只要有坚强的意志就什么都可以成功，必须是在合理的目标下才能够实现。

提高自己的主动性

我们前面说过，意志力只是协助你抵制诱惑和控制自己的帮手，不可以把它当成一个自动执行任务的外挂。在明确了目标之后，我们要做的是积极主动地去完成这些目标，让每天都尽量完美地收尾。不要每天回去只能看到一张满满地记录了未完成项目的纸，然后第二天照旧。虽然这样看起来你也一直在改进自己，但实际上只是摆了一个空架势，并没有什么实际效果。

下定决心之后立即行动

很多人在工作或生活中总是雷厉风行，但一到了改正自己某些不良习惯的时候，就突然成了“慢性子”。比如一个准备减肥的人，如果他给自己定的目标是减掉六公斤的体重，但是时间却规定为长长的一年，那么中途就很可能因为觉得这个目标比较简单而忽略了坚持，也有可能会因为觉得时间充裕而一拖再拖，等到最后才发现自己根本实现不了这个目标。所以，一旦我们决定要做某件事情之后，就需要立刻下定决心，果断地开始行动，这样既有助于增强自己的控制力，也有助于良好习惯的养成。

权衡利弊，有舍有得

富兰克林的“十三周塑造完美品格”计划也并非进行得一帆风顺，因为有些时候，目标之间是相互冲突的。比如在富兰克林的计划中，“勤奋工作”和“多陪陪家人”都是他要达成的目标，但有时二者是不兼容的。因为勤奋工作必然就会要求自己把极多的精力分配在工作之中，陪家人的时间自然就会减少，反之亦然。这时候就需要我们权衡利弊，判断目前应该偏重于哪一方面。比如现在正是工作的关键期，那么自然选择先勤奋工作，之后再陪家人；而如果目前正是假期，工作也不忙，妻子和孩子都放假了，那么就应该选择多陪陪家人，毕竟我们辛勤地工作最终还是为了能够更好地生活。

严格要求自己，不对自己撒谎

做到了就是做到了，没有做到就是没有做到。很多时候，我们对自己的要求并没有那么严格，比如我们规定自己每天早上跑步十分钟，但是我们只跑了七八分钟就停止了，然后在记录的本子上满意地写道："跑步十分钟，完成。"这是很明显的自欺欺人的行为，我们是在锻炼自己，不是在写散文，不必讲究什么虚实结合，自己能做到多少就做多少，实事求是才能使自己不会错估自身的真实能力。

坚持到底

这是老生常谈，但是我们必须强调，因为这几乎是所有事情成败的关键。"坚持就是胜利"并不是一句空话，每天的进步不大并不要紧，只要你在方向正确的前提下坚持下去，成功总会属于你的。

通过记录自己的变化，可以很好地了解自己的成果和前进的方向，这样更有助于培养良好的习惯和强大的自控力。所以，当你觉得自己的努力似乎效果不大的时候，不妨试着记录一下自己的生活，你会发现自己其实是在不停地进步，并且离成功越来越近。

意志力变成生理本能

前面的章节中，我们一直在讨论自控的好处，以及怎么培养自控力。但令人颇感无奈的是，虽然现在很多家长已经开始重视培养孩子的自控力，但也仅仅是关注孩子而已，对于自己的自控力却不怎么重视。很多成年人都不会想到主动去提高自己的自控力，上班族早上不起、晚上不睡，大学生不到考试不看书等现象屡见不鲜。

事实上，**如果可以正确地使用自控力，在工作学习中都可以激发我们的思维潜力，让我们的行为收到意想不到的效果。**当我们入神地看一本书的时候，经常会忽略周围的环境变化。或许大家对这种情况最有体会的就是，当你在课堂上偷看小说的时候，通常不会发现老师不知什么时候已经站在你的身后了。我们的注意力在某个行为上的专注程度，能够很好地反映出自控力的强弱。自控力越强，我们越专注，对事情的分析和理解也会变得越清晰和深入。

自控力强的人，一般情况下会对自己的行为和状态非常敏感。在强大的自控力的引导下，他们的某些能力便会大幅度地提高。比如当集中注意力做某一件事情的时候，我们的视力、听力等身体感官能力都会有很大的提升，甚至智力（也就是我们的思考能力）也会明显地提高。就如同一个画家在绘画的过程中，整个人的注意力都集中在画的每一个细节中一样，而一个音乐家在弹奏或者聆听一首音乐的时候，大脑中除了音符之外也不会有其他的东西存在。在动画片《名侦探柯南》中，柯南每次在查案时都会有一句口头禅：“对这个情况我很在意。”一般情况下，柯南提到的这些细节都是微不足道而且很容易被人忽略的，但正是强大的自控力令其注意力高度集中，使得任何细节都难以逃脱这位高中生侦探的眼睛。

心理学家在做注意力实验的时候，通常会靠读书来判断。当我们在阅读的过程中，突然发现自己开始看不懂句子的意思，这就说明我们的注意力已经开始涣散，无法集中到文字上面。而此时我们要做的就是舒缓一下情绪，重新找回自控力，而不是一直盯着一句话，反反复复地做着无用功。

无论什么样的工作和学习都需要思维和注意力的高度集中，换句话说，就是需要极强的自控力。我们常常说人们在小的时候心无杂念、记忆力非常强，正是因为那时候需要我们思考的东西很少，所以在背诵的时候精神的集中度会很高。而成年人虽然无法像小时候那样心无杂念，但也可以通过强大的自控力做到这一点。

很多艺术家在被人询问学习技巧的时候，通常会告诉人们：“创作需要全身心地投入，令整个人达到忘我的境界。”可什么是忘我的境界呢？其实就是注意力的高度集中，除了手中的活动以外，其他事物都被排除在外，不闻不问，也不会去感知。很多艺术家都具有一定程度的过目不忘的能力，这便是将自控力发挥到极致的效果。我们经常可以在网上看到一些很棒的乐器演奏者，我们会发现，在弹奏的时候，他们的身体会一直随着音乐不停地摆动，这便是一种高度集中的状态。在他们的大脑中，整个身心都是在为演奏服务的，根本无暇去关注周围的变化。

我们在思考一件错综复杂的事情时，自控力的作用显得尤为重要。首先，高度集中的注意力和思维会使我们关注到这件事情的每一个细节，并且去深入地分析；其次，我们在分析的时候也更容易得出正确的结论，使我们思考的深度和广度增加和扩展。这也是一些思维能力很强的人经常走神的原因，因为他们已经完全沉浸于思考之中，外界的一切感觉都被他们暂时性地隔绝开来。

想要在做某一件事情的时候高度地集中注意力，首先要做的就是对这件事情产生兴趣，当我们对某件事情产生兴趣之后，自然就会集中自己的注意力。而注意力的集中则会使我们对这件事的分析和理解更深刻，同时也会令我们对它的兴趣更加浓厚，形成良性循环。这也是为什么老人总爱说，我们的大脑越思考越灵活，就是因为我们的注意力越来越集中。

所以，当我们客观审视那些所谓“天才”的各种“光环”和“怪癖”之后，你就会发现，其实他们也只是一群把自控力发挥到极致的普通人。也正因为他们把注意力都集中到了自己感兴趣的地方，所以，我们才会觉得天才通常都会有一些小小的怪癖。而注意力的集中靠的就是自控力，自控力靠的又是意志力，所以只要我们不断地提高意志力，注意力就自然会有很大的提升，虽然不见得会赶得上那些早已驾轻就熟地将自控力发挥到极致的“天才”，但也会令我们在日常的工作和学习中取得不俗的成就。

当我们通过不断的训练把自控当成一种本能的时候，在日常的工作和学习中，我们就会主动地让注意力高度集中，这时，我们的学习和工作能力就会大大地增强。也就是说，当意志力变成生理本能之后，我们工作和学习的效果就会大幅度地提高。

第八章

健康受益于自律

自律是可以练习的

新生入学，都要接受为期几周的军训。军训的好处有很多，可以促进同学之间的感情，还可以提高学生的意志力，增强学生的自律性。**自律，不同于意志力，它只是源自意志力的一种自我行为，但是，它有一个和意志力一样的特点，那就是可以通过练习去培养和提高。**

在《自控力》一书中，凯利·麦格尼格尔博士将意志力比作肌肉，人们可以通过锻炼不断地提高意志力。我们同样可以借鉴这一方法，让自己养成自律的习惯。说到这里，有一个问题很让人头疼，那就是有些人在做事时，要么丝毫不能坚持，要么坚持到固执。学生的主要任务是学习，很多家长就要求孩子从小开始，一切从“学习”出发：看电视要能从中学到知识，看杂志也必须要有助于学习，这虽然也成了一个令家长得意的理由，却令孩子无奈。一提到自律，很多人想到的都是对乐趣的拒绝，其实不然，自律并不是拒绝满足感，而是延迟满足感。

没有足够的自律，就相当于失去了自控力。你可以回想一下，自己或者同学在大学时通宵玩游戏、常年不吃早餐的后果：整日疲惫不堪，并且患上了几乎要伴随一生的胃病。因此，足够的自律是必需的，这就要求我们不断地练习。那么，我们该如何通过练习来提高自己的自律能力呢？

要明确我们的目标

我们要的不是一种叫做自律的行为，而是一种叫做自律的习惯。无论什么样的行为，都会大量地消耗我们的意志力，这时候有限的精力就成为一个关键性问题。而当我们把一种行为变成习惯的时候，意志力的消耗就会变得很小，这也是我们能够长久保持自律的保障。

必须做到全力以赴

虽然自律不是拒绝而是延迟满足感，但是源自多巴胺的“立即得到”心理却让我们并不愿意延迟那种无与伦比的满足感。因此，要做到延迟满足感，并不是一件容易的事情。就好比你想控制自己抽烟的频率，很多人认为“我会尽可能不去吸烟”是一种很负责任的态度，但是，“尽可能不去吸烟”的结果却很可能是每时每刻都“不可能不去吸烟”。拿破仑·希尔认为，一个人要想成功就必须拥有“白热化的渴望”。我们想要做到延迟满足感，也必须要有不达目的誓不罢休的态度，只有这样才能最大限度地调动我们的意志力来完成自律。

做好足够的心理准备

很多事情都是入手容易坚持难，“万事开头难”似乎并不适用于如今的我们。你要做好充分的心理准备，那就是自律的难度将超过你认知中最艰难的事情。之所以这么说，目的就是让你不要主动给自己设置难度上限。一旦你设置了难度上限，如果难度在你的认知范围内，那么你就可以一路披荆斩棘，而一旦难度超出了你的认知范围，你将会感到事情的进展变得举步维艰。这也是很多人明明有好想法，却始终难以成功的原因。

要有详细的计划

养成自律习惯并不是虚无缥缈、遥不可及的，它实实在在地存在于我们的日常生活中，比如今天少吃一袋彩虹糖或者少玩一局游戏，这些都是自律的进步现象。一天的生活中，如果你要求自己在方方面面都做到高度自律，那么你会疲于应对各种诱惑，从而一事无成。我们必须要有详细的计划，贪多嚼不烂，今天就是控制玩游戏，我们只需专心这一个方面的自律培养。等不再沉迷于游戏时，我们再开始着手改正吃彩虹糖等其他的坏习惯。有条理有计划地养成自律习惯，可以最大限度地节省我们有限的意志力，让培养自律的整个过程变得更加顺畅。

做好应对计划外的情况的准备

自律的养成不是像在游戏中打 boss 那样可以预见难度并能算出通关的概率。起初，你很可能会遭遇一些莫名其妙的失败，可能是因为你忽略了一些关键的细节，这是不可避免的。我们要做出一些诸如“如果怎么样，我就怎么办”的应对措施，例如在戒烟期间，某天你习惯性地抽起烟来，这时你就要迅速地走到一些禁烟场所，不论主动或者被动，你都会把手里的烟掐灭。另外，要明确规定自己养成自律习惯所需要的时间。一旦限定你在工作日中，半小时之内必须吃完午饭，那么即便你胃口再好、吃饭的欲望再强，在有限的时间里也不可能吃掉太多食物。这样的话，就不需要花费大量的精力去抵抗来自红烧肉和奶油蛋糕的诱惑，节省出来的意志力足以让你更好地完成其他事情。因此，只要你的意志力足够强大，能够很好地控制自己，那么你肯定能够达到自己的规定目标。

对自己的思想保持足够的警惕

别以为你的大脑想什么，你都一清二楚。有些时候，因为多巴胺带来的快感，大脑会直接发出动摇你信心的指令，就好像当你正在坚持一件很难完成的事情时，头脑中就经常会冒出“我为什么要这样”的念头。养成自律习惯也很难，此时，我们就容易滋生怀疑的念头，因为自律带来的好处不会立刻显现。这时，你就要记起自己的目的——让自律成为习惯，之所以会产生怀疑，就是因为精神的懈怠。我们必须要让自己的精神紧张起来，保证不半途而废。

给自己勾勒一个美好的前景

追求安宁和美好是大多数人的愿望，就像爱美是人的天性一样。如果你一味地告诉自己，养成自律习惯的过程多么痛苦和艰难，那么你坚持下去的可能性就会变得微乎其微。相反，如果你不断憧憬戒烟后省下的钱带女儿去划船的快乐、减肥后穿上漂亮衣服的开心，那么你就会更加肯定自己的坚持，并且增强自己的信心。日本的忍者在潜伏和修炼的时候会有一些“手印”，他们坚信通过这种“手印”能让自己得到超乎常人的力量，这其实也是一种勾勒美好前景的心理暗示，会让自己有坚持下去的动力。

通过坚持不懈的练习，时间久了，你会发现，自己一整天都可以保持自律的习惯。这个时候最美妙的事情就会发生，因为你会感觉自己无论做什么事情都变得很顺利，似乎没有什么能诱惑到自己，而自己的意志力和时间也不会因为一些无关紧要的事情而被过度消耗。

睡眠不足影响意志力

当连续几天的努力工作后，我们会觉得自己越来越疲惫，工作效率也越来越低，而经过周末的休息之后，我们又会变得精神焕发、活力十足。为什么会这样呢？因为平日忙碌的工作，导致我们很难保证有充足的睡眠时间，睡眠不足就会导致意志力的下降，工作效率自然也会降低。但是，为什么睡眠不足会影响意志力呢？追根究底，我们首先就要了解意志力从何而来。

美国斯坦福大学的凯利·麦格尼格尔教授认为，意志力是人类的一种本能，那么这种本能又是从何而来的？科学研究表明，大脑中的前额叶皮质是我们处理复杂事情时的命令和控制中心。我们可以这样认为，人类之所以拥有意志力，就是因为前额叶皮质。人类不断进化也是因为前额叶皮质在不断进化。前额叶皮质是人类生理组成的一部分，而人类的每一项生理活动都要消耗能量，而能量的摄入来自我们日常的饮食。

人类为什么需要睡眠，虽然在科学界一直存在很大的分歧，但是有一点是无可辩驳的：睡眠不足会影响大脑对能量的吸收。大脑对能量的摄入不是无间断的，就如同一个人连续工作十几个小时后会感到疲惫一样，大脑在不间断摄入一定能量后同样也会疲惫。疲惫的人无法正常工作，疲惫的大脑也无法正常控制细胞去吸收能量，而当细胞无法吸收到足够的能量时，就会反过来加重你的疲惫程度。也许你会因此产生吃东西的欲望，但是再多的进食也于事无补，因为你的大脑根本无法吸收并有效利用食物的能量。

这种情况对于需要意志力的人来说是最糟糕的，因为我们的意志力源于前额叶皮质，而前额叶皮质的活动离不开能量的消耗，既然大脑已经无法摄入足够的能量，前额叶皮质又如何产生足够的意志力呢？心理学家称这种状况为“轻度前额叶功能紊乱”。除了无法吸收能量之外，睡眠不足还会对前额叶皮质造成一定的损伤。

我们遇到事情后最开始的本能反应叫做“应激反应”，这是一种极度消耗意志力的反应。此时，我们的前额叶皮质会准确地判断威胁的存在，从而压制欲望，管理我们感受到的压力。而受到损伤的前额叶皮质就无法对外界做出准确的判断，导致我们大脑中的报警系统对一切外界事物做出过度的反应，让我们的身心一直处在大量消耗意志力的应激反应中。这时，美美地睡上一觉，让前额叶皮质恢复正常功能，才能正确地对我们遇到的情况作出判断，避免不必要的意志力损耗。

而现实生活中，由于种种原因，我们无法过上累了就歇、困了就睡的慢节奏生活。所以，保持每晚良好的睡眠就显得尤为重要。那么，如何让自己有一个良好的睡眠呢？

我们要形成规律的睡眠时间

每天清晨，闹钟会在固定的时间叫我们起床，但晚上一般不会有人定闹钟提醒自己去睡觉，但是，按时上床睡觉很有必要。尤其是我们白天需要工作，几乎要耗费一整天的时间，我们只能等到晚上睡觉才可以放松和休息。为了让大脑保持充足的精神，我们就必须保证足够的睡眠。规律的睡眠时间正好和规律的工作时间相对应，能保证我们的大脑有足够的精力去应付一切。

营造一个舒适的睡眠环境，温度和寝具同样重要

很多人睡觉的时候喜欢把被子拉过头顶、露出脚，这是一种很不科学的睡眠方式。蒙住脑袋会造成呼吸不畅，从而影响睡眠；而脚部着凉同样会影响睡眠，有可能会被冻醒或者长时间做梦。

睡前洗个热水澡是不错的选择

洗澡一方面会让毛孔得到舒张，让身体更舒服；另一方面我们会因为体温的升高，从而更容易进入睡眠。

睡觉前不要吃难以消化或刺激性强的食物

难以消化或者刺激性强的食物会让你的胃“通宵加班”！胃不安，你又怎能睡得安稳？想象一下，夜深人静时，别人都在熟睡中，你却每隔一两个小时跑一趟厕所，如此折腾一夜，又怎么可能睡得好。

可以在睡前喝杯牛奶

牛奶中含有能舒缓神经的物质，这些物质都有助于良好的睡眠。切忌在睡前抽烟，尼古丁和咖啡因一样是一种兴奋剂，吸烟会让你更加难以入睡。

轻松对待睡觉

睡觉很简单，不要把睡觉当成一项任务，更不能妄图掌控自己的睡眠。如果你强迫自己进入睡眠状态，那么你反而难以入眠，此时，大脑中的杂念会越来越多，而且思路也会越来越清晰。当你辗转反侧睡不着的时候，可以放一些舒缓的音乐来促进睡眠。

适当的运动不仅有利于身体健康，也有益于睡眠

同时，建议大家白天不要长时间睡觉，这会影响晚上的睡眠质量，午休时间以半小时为宜。

睡眠不足对我们的意志力和身体都是一种严峻的考验。我们要尽可能地让自己拥有良好的睡眠，这样才能保证身体健康、意志力充沛。

多巴胺带来负能量

人在焦虑的时候会不停地重复做一些事情，借此来缓解焦虑感。事实上，有时候我们明明没有焦虑感，却依然喜欢重复做一些事情，比如购物、玩游戏或者看电视、吃东西等。每年诸如双十一、双十二电商节的网上购物活动中，总会涌现出一大批“剁手党”。在疯狂网购之后，他们看到自己花费的金钱数额，再看看已买到的宝贝其实也不是什么必需品，每次都会发誓：下次再冲动消费，自己就真的剁手！可是，在下一次网购中，他们依旧还是买得很疯狂，这又是为什么呢?

之所以会有上述情况，是因为他们享受购物带来的快乐和满足的感觉。而始作俑者，就是我们前额皮质所分泌的一种化学物质——多巴胺，被很多人认为是催情剂。其实多巴胺就是人类大脑的原始奖励系统，它会给人们带来兴奋、期待、渴望等美好的感受，我们常说的恋爱的幸福感也正是大脑中大量分泌多巴胺所产生的感觉。

当大脑判断出某种行为会给我们带来利益时，它就会根据利益的大小分泌出不同量的多巴胺。这些多巴胺会让人们产生渴望和期待的感觉，会积极地去执行大脑发出的指令。大脑就是通过这种机制来控制我们的思维和行动的，令我们去获取利益，进而在社会中生存、成长。

这原本是一种很好的机制，但是，人类的大脑机制成形于原始社会和奴隶社会时期，在那个时代，吃饱肚子、繁衍后代是最重要也是最符合人类利益的事情。同时，物质的匮乏使人们选择性地收集并占有所能见到的大自然的馈赠。在古代社会中，受生存、生产条件限制，作为人体奖励中心的多巴胺自然会把吃东西、繁衍后代和占有放在奖励目录的第一位。而如今的社会与物质匮乏的原始社会和奴隶社会相比有天壤之别，所以多巴胺的奖励机制反而成了人类发展的障碍，即不合理的欲望。但大脑非常固执，它坚持认为自己长久以来形成的经验是最符合人类利益的，所以，本来作为正能量出现的多巴胺也逐渐变成了负能量。

毫不夸张地说，我们的一切行为都是源于多巴胺的刺激。现今的社会是一个物质、信息双重繁荣的时代，而多巴胺却依旧使用原先的奖励办法来刺激人类的行为，这也是诸多收集狂和肥胖者出现的原因。本来是为了增加人类生存资本的机制，却彻底搅乱了我们的生活。

我们都受到过多巴胺的欺骗，当我们淘到一件喜欢的衣服时，多巴胺会让我们产生快感，这种快感会被我们误认为购物会带来幸福。但事实上，多巴胺的意图只不过是让我们购买更多的衣服来满足生存的需求，它并没有意识到我们现在并不需要成堆的衣服来避寒。我们对甜食的嗜好以及对异性的欲望，同样也是受到多巴胺的欺骗。这种欺骗会导致我们不停地去追求诸如衣服、食物及异性等，只为得到多巴胺的奖励。而我们其实不会得到真正的满足，因为这只是来自大脑的渴望，而不是真正的自我满足。当我们错把渴望当作幸福的时候，我们就有变成购物狂、占有狂等的可能。所以我们要仔细地分辨清楚，自己所做的事情到底是内心真正渴望的，还是只是为了得到多巴胺的回报。我们要冷静下来，不要轻易被多巴胺所欺骗。

其实，我们不必感到绝望，因为多巴胺的奖励机制是在逐渐进化的。例如有的学生不爱学习，但大多数学生会在学习中找到乐趣，从而主动地去学习和探索。这就说明在他们的多巴胺奖励机制中，“努力学习”被当成了一种对人类生存有益的行为，同样会促使大脑产生多巴胺。事实表明，我们大脑中的奖励机制也在与时俱进，也在迎合社会的发展，毕竟我们从物质匮乏跨越到物质丰富阶段所用的时间比之前少了太多，导致多巴胺的进化滞后于时代，这当然情有可原。同时，每个人的多巴胺进化程度也各不相同，这和人的自控力强弱有关——有些人天生自控力比较强，而大部分人则不会太强。

是的，我们承认，有些人天生爱学习、自控力比较强，但其实这些都可以后天培养，不管是自控力还是对学习的爱好都如此。学校中的很多老师也通过不同的方式来提高学生学习的兴趣，并且取得了较好的成效。这就说明多巴胺是可以主动培养并进化的，或许不久的将来，我们就不必再忍受多巴胺奖励系统的捣乱了。

多巴胺奖励机制可以主动培养，最早发现这一特性的人既非科学家，也非特别的研究者，而是一些普通的商人。他们虽然不知道什么是多巴胺，却能准确地利用多巴胺的特性勾起人们的购物欲望：不少超市都有免费试吃的甜品，或许在普通人看来，商家只是为了宣传自己的产品。部分科学家甚至认为这是一个败笔，因为他们都认为，人们在吃完食物后，购物的欲望会降低。然而结果恰恰相反，当人们吃到可口的甜品时，大脑却因其中蕴含的能量而产生“甜品能为我们带来利益”的认知，从而大量分泌多巴胺来刺激我们购物，商家也因此而获利。

我们没办法像对付地下赌场那样，直接取缔大脑的奖励系统。我们只能充分利用大脑的这一特点和多巴胺奖励机制可主动培养的特性，这些正好给我们提供了可行性。一些经济学家和行为心理学家就提出过把“无聊”的事情“多巴胺”化，也就是现在我们常用的利用奖励承诺来克服缺点。比如你可以利用穿漂亮的衣服来拒绝吃过多的东西，这就把穿漂亮的衣服嵌入到多巴胺奖励机制中，让其成为多巴胺奖励内容的一种。

深入了解了多巴胺的特性后，我们就可以利用多巴胺的特性来为自己服务：我们可以洞穿多巴胺的阴谋，不至于一直被欺骗；我们也可以把一些有益的行为加入到多巴胺的奖励机制中去，让多巴胺从负能量变回正能量。**总之，我们只有拥有良好的自控力，才能阻止多巴胺“过时”的奖励带来的诱惑，才能帮助我们完美地改善多巴胺奖励机制。**

埋下健康隐患的童年

林玲是刚进入大一的新生，她的声音很好听，却总是一副颐指气使的模样。自从开始大学生活以后，她所有的生活琐事，例如打水、买饭甚至送脏衣服去洗衣店，几乎都需要室友的帮助。长此以往，室友自然会反感并厌烦她，彼此之间的矛盾也在日积月累中激化，直到完全爆发。一次在食堂吃饭的时候，因为实在受够了她平日里的指使，舍友们一致拒绝了为她打饭。意想不到的一幕出现了，她竟然当场发飙，痛哭流涕，闻讯赶来的老师也被她弄得不知如何是好。学校考虑到林玲无法和同学友好相处，又不能生活自理，只能建议她休学回家。

在日常生活中，我们经常会看到，一些成年人竟然会犯只有小孩子才会犯的错误，而很多家教严格的小孩儿甚至都比他们表现得好。之所以会出现这样让人啼笑皆非的现象，其实，大多和从小养成的坏习惯有关，它们一直以错误的形式根深蒂固地存在于这些人的大脑中。

有一个男孩，他十分贪玩，成绩也不太理想。当别人说起他的学习情况时，他的父母虽然身为小学老师，却总是满不在乎地说："我家孩子还小，等到上了初中，他自然会好好学习的。"然而读初中时，他却变本加厉地打游戏，学习成绩也差得一塌糊涂，以至于老师和家长也毫无办法，最后随便念了个高中，辍学打工去了。其实，很多家长都有同样的误区，认为孩子还小，应该自由成长，等孩子长大了再教育也不迟。殊不知正是这种思想，使家长错过了培养孩子好习惯的最佳时期，甚至让孩子养成了需要用其一生的时间去改正的坏习惯。

小孩子的思想相对简单，做事情也比较专注，童年正是接受教育的最佳时期。童年时期培养好习惯的效果往往是事半功倍，并且会让孩子受益一生。家长必须重视孩子自控力的养成，尤其是童年时期，这样孩子成人后，才不会因为坏习惯而影响学业、事业，甚至整个人生。那么，如何杜绝孩子童年的健康隐患呢?

我们必须让孩子摆脱对“他律”的依靠

有些家长虽然不会忽视孩子的家教，却管教得太过严格。孩子的玩耍或者娱乐时间都由家长把控，学习、写作业的时间安排也是父母全权做主。短时间内，孩子会很听话，表面上也会努力学习，一旦到了青春期，随着自我意识的增强，孩子就会变得叛逆起来。之前生活中的一切都是无条件听从大人的安排，现在却和家长对着干，拒绝大人的安排，自己也会变得手足无措，强大的多巴胺自然会让他们养成种种坏习惯。

家长在教育孩子的时候，一定要以培养孩子的“自律”为主。培养孩子的自控力是一个漫长的过程，在这期间，孩子无法准确判断对错，也不能肯定哪些事情能做，哪些不能做，这都需要家长的引导。家长可以协助孩子制定每天的学习和娱乐时间计划，还可以利用小小的惩罚来引导孩子去遵守规定。在激励和惩处结合的教育下，孩子会逐渐养成好习惯，能够自主安排时间计划，也能遵守各项规章制度，还能控制自己玩耍的时间……即使青春期产生叛逆心理，他们不听从大人的教导，也依然能控制好自己的生活节奏，这对他们的成长是非常有利的。

改造孩子的多巴胺奖励系统

多巴胺奖励系统是能够改造升级的，这给我们提供了更多的教育方式。对于自制力来说，最大的敌人就是“立即得到”心理，这也是我们对孩子的多巴胺奖励机制进行改造的主要目标。我们要培养孩子的“延迟满足”能力，或许听起来会让大家觉得糊涂，但是过程其实很简单，就是逐步延长孩子的学习时间。比如孩子读一年级时，家长规定孩子每天放学可以玩耍一个小时，并且还能看一个小时电视，同时家长也要提醒孩子，等到二年级时，你就只能玩耍半个小时；而到了二年级，孩子自然就接受了这种限制。以此类推，孩子会逐渐养成以学习为主的习惯。“延迟满足”既不会给孩子造成过大的压力，又能轻松地锻炼孩子的自控力。

利用奖励承诺，让孩子克服坏习惯

奖励承诺克服坏习惯是我们利用多巴胺奖励机制的一种方式。但很多家长在奖励承诺上存在着误用行为，他们会给孩子承诺，如果取得好成绩就会如何奖励。这样并不利于孩子的成长，因为他们努力的动力来自外部，当这种动力刺激不复存在或者强度不够时，他就会放弃自己的努力。比如，家长一直承诺，如果孩子表现好，就带他去动物园。但是，去动物园的次数过多，孩子就失去了对动物园的兴趣，这个承诺也就无法再次激发他学习的动力。

我们要引导孩子，让他们把从内心深处激发的渴望作为自己努力的动因。可能孩子有某个愿望，希望家长帮忙来实现。那么，我们就可以要求孩子完成某个要求，以此作为承诺奖励他。如果孩子想去动物园，那么我们可以在他做到更讲礼貌时，带他去动物园。只要他一直有各种愿望，那就有源源不断的动力促使他努力。同时也培养了孩子有付出才有回报的思维习惯，避免了不劳而获的思想。

给孩子过剩的精力找到正确的宣泄途径

很多家长总会感叹：小孩子似乎永远都是活力十足，他们不会去思考太多，也没有太多需要抵制的诱惑，最多就是新玩具或者糖果……宣泄精力的方式绝不是高强度的学习，这只会让孩子过早形成学习很痛苦的印象，给他将来的学习带来困扰，当然也不能放任不管。正确的宣泄方式是培养孩子其他方面的兴趣爱好，以孩子的兴趣为主。这样的话，孩子不会因为精力过剩而四处捣乱，也不会产生厌学心理。

就自控力的养成来说，童年是最佳的选择时期。种种原因让我们自己错过了这个机会，断不可再让孩子也错过这个机会。家长一定要从小培养孩子自律的好习惯，他必将受用一生。

自律养成从吃开始

我们了解了多巴胺的厉害，也知道了大脑的执拗，此时，人类的本能让自律看起来是一件很难做到的事情。这让人觉得有些沮丧，而更多的人在实践中似乎也证实了养成自律习惯的困难。也许你每天晚上都打算十点睡觉，却在九点时，想起还有工作没有做完，那你肯定不能准时入睡；也许你准备早上七点起床去跑步，却因惰性而想多睡一会儿，结果一觉睡到了日上三竿……难道培养自控力就此成了一个无解之题了吗？当然不是。要知道，一步步来最重要。如果我们的自控力真的很糟糕，那你也不要着急，就让我们从最简单的事情做起。

而最简单的自律练习就是从“吃”开始。自律的习惯是可以“吃”出来的，也就是我们要从规律自己的饮食开始。原因有二：一方面是因为控制“吃”看起来最简单。也许你可以控制自己的欲望，选择不去街角的那家肯德基吃圣代；却控制不住自己上网，以完成今天游戏中的虚拟任务。而另一方面则是因为“吃”是影响我们健康最大的因素。现代社会中的人们大多有一些消化系统的毛病，像胃病或者厌食之类的症状，其中很多都是饮食不合理造成的。所以，我们要从最简单，也最容易出效果的“吃”入手，来培养自律习惯。

在了解怎么“吃”出自律习惯前，我们要先明白养成自律习惯的本质：我们先在做某一方面的事情时养成自律的习惯，进而从点到面，推广到生活中的方方面面。**想让自己做任何事情都能自律，重点就是要养成三思而后行的习惯。**

那么，怎么“吃”才是自律地“吃”呢？

到点就吃，过时不候

养成规律的饮食时间，能保证我们摄入充足的能量来维持日常活动。每天清晨，很多人不愿意早起，大多都是掐着时间赶到公司，导致没有吃早饭的时间，自然而然地省略了早餐。有过这种经历或者习惯的朋友最能真切地体会不吃早饭的危害。如果没吃早餐，上午往往很难进入工作状态，总是感觉精力不能集中到工作上，尤其是临近中午下班，难忍的饥饿感让你巴不得时间过得再快一点儿。

到点就“吃”有两大好处：第一是让你在工作时间活力十足。我们赖以维持自控力的意志力是靠前额叶皮质提供的，只有保证足够的食物摄入，才能保证大脑吸收足够的能量来运行。这是一个良性循环，我们摄入食物，才有充足的能量，才有充沛的精力，才能全心全意地投入工作，不会因为意志力不足导致杂念丛生。第二个好处就是我们可以养成一种遵守时间的习惯。上下班需要遵守时间，但那是公司的强制要求。这不是自律而是他律，而有时我们会有反弹效应。这种反弹不会体现在工作中，而是出现在日常生活中，我们可能会出现故意不按时完成一些事情的状态。其实，每个人都是天生的精神胜利法专家，而吃饭时间可以完全由我们自己支配，它恰好在我们自律的范畴内。养成遵守时间的习惯，是成功自律的第一步。至于“过时不候”只是为了养成“到点就吃”的习惯。对自己的胃“狠”一点儿，才能让它更健康。

吃饭必须讲规矩

五台山——文殊菩萨的道场，是佛教圣地。也有朋友吃过那里盂兰节的素斋，全部免费而且管饱，但是有两个要求，那就是不能挑和不能剩。每份素斋都有固定的搭配，你想吃什么就拿什么，但不管你拿多少，最后一口都不能剩下。这只是对普通香客的要求，而僧人的自我要求则更严格，诸如不能碗筷相撞，不能发出太大的咀嚼声，不能交头接耳等。很多人都会觉得很难遵守这些规矩，因为大多数人在吃饭时都会习惯性地拿出手机，边看边吃，抑或边吃边聊，洋洋洒洒地唾沫四溅。

吃饭这样随便，其实是很不认真的态度。很多人会辩解，我一整天都在忙，也就吃饭时间能够放松一下，或者和同事交流。我们是要放松，但也要适度。吃饭时，我们就专心吃饭，一是可以加快速度，节省下来的时间你可以尽情地做想做的事情。二是养成做事专一的习惯，一心不可二用，即使吃饭，也不让自己分心。边看小说边吃饭，会影响消化，就像边工作边听音乐，分心会造成效率低下。**如果你在吃饭时养成自律的习惯，那么你在做其他事情时，也会习惯性地专心致志，这就是自律习惯由点到面的延伸。**

同时，我们还要改掉挑食的习惯。虽然人体生理活动所需能量是以葡萄糖的形式存在，但维生素也是机体不可或缺的。我们不光要规律时间进食，还需要合理地搭配食物，为每天的活动提供充足而丰富的各种元素，我们的身体才能更健康。而健康的体魄是养成自律的保障。

控制三餐外的食物摄入

很多人喜欢吃零食，而零食最大的坏处就是影响正餐的摄入。当不停歇地吃了一上午的零食后，你会觉得午餐失去了诱惑力，你的食欲远不如别人，甚至你会跳过午餐。而不吃午餐，你摄入的能量不足以维持下午的体力活动，所以你不得不继续咀嚼零食。我们建议大家养成拒绝零食的习惯。如果摄入过多的零食而影响正餐，会导致不均衡的营养摄入，导致偏食、厌食，此外还会增加胃的负担，进而影响身体的健康。如果你的身体生病了，那么，它又如何为我们提供能量保障自律的养成呢？

另外，我们吃零食往往具有很大的随意性，这和自律截然相反。自律要求我们做事情必须遵守规定，而且必须是三思而后行。对于零食，相信大多数人都是想吃什么就买什么，不会在吃零食的时候三思而后行。当然，我们并不是要大家完全戒掉零食，当耽误了正餐时间或者正餐摄入的能量不足时，吃一些零食也是不错的选择，既能适当补充能量，还能有效减压。但是，我们必须要坚持适当的原则，保证自己在上班、学习时，正餐前后的时间里绝对不碰零食。

自律地“吃”是我们养成自律习惯的第一步，当我们在相对简单的“吃”上能够保持自律时，那就表明你已经可以进行大量的自律练习了。自律的饮食保持了身体的健康，这让我们足以应对生活中的各种挑战。

运动，最佳的自我克制

在电视剧和电影中，我们经常会看到这样的场景：男女主角在受到刺激后，往往会在雨中疯狂地奔跑。为什么导演总喜欢用奔跑来表现剧中人物不平静的内心呢？这是因为当一个人无法发泄自己的情绪时，运动是最佳的克制方式。

心理学认为，当大脑判断出危险后，它会立即进入应激反应状态，我们的血压会随之升高，为的是能够迅速把能量输送到肌肉；我们的呼吸也会变得粗重，为的是摄入足够的氧气；而我们的精神也会变得高度集中，这可以让我们在危险来临时最快地做出身体反应。当身体一切准备就绪后，理智却告诉大脑：这是虚惊一场，你闹了多大的乌龙！

我们眼前的既非危险也不是猎物，所以之前的应激准备完全没有意义，但是又不能立刻撤回去。当大脑在应激反应中做好战斗或逃跑的能量调动后，你是没办法立刻让身体恢复原状的，但是又不能爆发，那么最好的方法就是发泄。去奔跑吧，它会消耗你大量的能量，而大脑随后会把剩余的能量收回去，要知道它可是个小气鬼，害怕你浪费掉所有的能量。一旦应激反应失去了足够能量的维持，你自然会平静下来。

运动确实是我们克制自己的最佳方式之一，但是我们应如何利用运动来克制自己呢？我们要具体情况具体分析，采用不同的运动方式，来克制让自己痛并快乐着的欲望。

当想让自己烦躁的心情平静下来时，你并不适合一些剧烈运动。因为剧烈运动只会让你更加冲动，相对而言，慢跑和游泳会比较合适。在慢跑中，你会将注意力逐渐集中到呼吸和迈步的节奏上。而当注意力高度集中到运动上面，你就无暇顾及其他，从而忘记那些烦躁不快的事情，就会达到同冥想一样的效果。只不过冥想是你主动进入这种状态，而慢跑则是强制自己进入克制的状态。而泡在水中时，你会产生一种回到母体的安全感，这种安全感也会让你烦躁的心情平静下来，让你感觉一切问题都可以迎刃而解。平静下来，你就能很好地控制自己的情绪和注意力，进而解决迫在眉睫的问题。

如果你不是烦躁而是变得狂躁，那么解决问题的最佳运动方式就是奔跑或者打网球。奔跑就是通过大量消耗我们体内的能量，从而迫使大脑收回让我们变得狂躁的指令，然后让自己恢复平静；而打网球则是另一种适合发泄的运动方式，每当我们狠狠挥动球拍的时候，就好像把我们心中的愤恨和厌恶也狠狠地甩了出去。

如果以上情况都不符合你的状况，你看起来一切都不错，但就是提不起精神，那么最适合你的运动就是马拉松。做事情没有精神无外乎两种情况：一种是身体状况不好，只要通过休息和饮食补充恢复即可；而另一种则是意志力不强，做事情不能坚持，马拉松则是最锻炼意志力的一种方式。有一位马拉松选手，每次比赛都能取得不错的成绩。有人向他请教保持好成绩的秘诀时，他是这么说的："在完成马拉松的过程中，我从来不考虑全程有多长，也不会考虑我离终点还有多远，我只是把长长的路程设置成一小段一小段的目标。"他每次都是冲着眼前的目标，用最快的速度前行，当达到这一目标后，他会立即向下一个目标前进。就这样，他在若干个小目标的实现之后到达了终点。

马拉松选手的方式正适合我们锻炼意志力。我们在进行自律锻炼时，一般不会给自己设立最高目标，因为太高的目标，相当缥缈，我们很难企及。在努力的过程中，我们需要的正是一次又一次的冲刺。某天蓦然回首，你突然发现自己已经站在了很高的位置。而把大目标分成若干小目标，然后集中精力逐个完成，这也是我们锻炼自律能力的良方。自律习惯的养成并不能一蹴而就，我们要从众多小事的自律逐渐推广到整个生活，这个过程还需要我们不断完善。

马拉松培养出的坚韧品质也是自律所必需的。**自律并不是要我们经常抵制泰山压顶般的压力，相比这一时的承受力，我们更需要长久地坚持。**而马拉松的超长距离培养的正是我们顽强的坚持——不到终点绝不停下的坚持。练习马拉松后，这些优良的品质会逐渐融入我们的本能中。而克制自己，在形成自律习惯中也会起到非常关键的作用。

运动不仅仅是一种增强体质的方式，同样也是我们解决心理问题的手段。运动在控制欲望、克制缺点等方面有着独一无二的优势。所以，我们在工作和娱乐之余，一定要保证自己有足够的运动时间，在促进身体健康的同时，也能让自己拥有良好的自控力。

第九章

训练身体控制力

让自控成为身体习惯

什么是人的本能？大部分人会认为天性和下意识的反应就是本能。但是，心理学家告诉我们：意志力也是一种本能，也就是说自控其实也是人类的本能。

甚至有一些神经学家认为，我们虽然只有一个大脑，但会有两个自我。一个自我任性妄为、贪图享乐，我们称其为冲动的自我；另一个自我严于自律、目光长远，被我们叫做理智的自我。每次做决定之前，我们都在两个自我之间摇摆不定，或者说得形象一点，就是每次做决定都是一个自我打败另一个自我。比如，我们一边觉得自己应该去找份像样的工作，一方面又觉得 SOHO 比较自在快乐。两个自我的争论总有一个会退却，而一般情况下被击败的多半是理智的自我，因为冲动的自我为了达到目的可以胡搅蛮缠，但是理智的自我却不会。

当冲动的自我占据上风的时候，我们就丧失了自控力，但是当自控成为身体的本能习惯之后，就会唤醒那个理智的自我，也就是唤醒意志力，于是两个自我开始博弈。

意志力的胜利当然是我们希望看到的，也就是我们所说的自控。但想要意志力最终战胜本能冲动，最重要的前提是你需要明白现在做决定的是哪个自我，同时也需要明白自己做了什么样的决定。不要觉得这不过是小事一桩，没什么重要的。美国心理学家做过一个实验，他向大量做不同工作的人提出一个问题：

"你一天做了多少个关于食物的决定？"大部分人都觉得自己一天当中关于食物的决定只有十个左右，但仔细整理了一天的经历之后发现，其中一些人竟然做了超过 200 个关于食物的决定，而这些人并不是厨师或者从事和食物有关的工作。我们会觉得很不可思议，一天中竟然会做出那么多的决定，还仅仅是关于食物的。其实这是很正常的，比如说你决定今天晚上十点准时睡觉，但是在九点五十九分的时候你却开始刷微博，等你反应过来的时候已经是十点半了。这时候你就做了很多决定。第一个决定就是在十点半的时候继续刷微博，因为你肯定注意到时间了，但是却没有停止，或者没有意识到自己应该停止。

上面的事实说明，我们光下决心要自控还不行，还必须让自控成为身体的习惯，只要冲动的自我一出现，就唤醒意志力并战胜冲动的自我。那么，怎样才能把自控变成身体的习惯呢？

要先认识自我

自控力是人不同于其他动物的一个特点，除了自控力之外我们还有自我意识。当我们做一件事的时候，能够意识到自己在做什么，也能认识到自己为什么做这件事。如果连做这件事之前所需要做的准备和做这件事之后会有怎样的结果都能认识到的话，这个人就很了不起。因为，在知道了这些之后，我们就能够谋定而后动。在做出决定之前，我们必须清晰地意识到我们现在需要激活自己的意志力，因为大脑的默认选项就是最简单的那一个，也就是冲动的自我所做出的决定。比如一个正在戒烟的人，他必须意识到自己需要戒烟，如果他意识不到就会戒烟失败。因为不用思考，他就会知道烟在哪个口袋，打火机在哪个口袋，而哪里又可以吸烟，因为这些已经在长期的重复之下成了他的本能。只有拥有更强的自我意识，才能拥有更强的自控力，因为你必须靠自我意识来判断什么时候需要意志力出马。只有加深对自我的认识，我们的自我意识才会变得更加强大。

训练自己，增强自己的意志力

意志力增强就等于自控力增强。我们光是认识到自己需要意志力还不够，因为意志力在和冲动自我的斗争中一直是输多赢少，所以我们必须增强意志力。能够强化意志力的方式有很多，最简单也是最有效的方法便是训练自己的身体，也就是运动。下定决心每天早上在到公司的前一站就下车，剩下的路程跑着去。做不到怎么办？做不到就代表你的意志力锻炼不成功，所以你必须努力做到。坚持了一个礼拜之后，你就会发现自己的意志力有所提高；坚持了一个月之后，你就会发现自己的意志力明显提高了；坚持了三个月之后，你就不用再刻意去坚持，因为此时，每天跑步已经成了你的身体习惯，这时候你可以试着去做一些更难的事情。

通过运动除了能够训练身体来强化自己的意志力之外，还可以训练我们的大脑。有人也许会问：大脑也可以训练吗？当然可以。心理学家的研究表明，我们的大脑学习能力很强。当我们不断地学习数学时，我们的大脑就会越来越擅长数学思维；而当我们开始长时间的忧郁时，大脑也会变得沉溺于忧郁，忧郁症就是这样产生的。对于大脑的训练其实很简单，就是故意靠近诱惑，然后努力地抵制诱惑。当你希望自己不再喝酒的时候，可以放一瓶好酒在自家的玄关，再在上面贴张纸条，写上“戒酒”两个大字。这样一来，每次经过时虽然会受到诱惑，但会不断地提醒自己要自控。此外，还有一种叫做冥想的锻炼方法，具体来说和打坐差不多，要摒弃一切杂念，让自己的大脑保持空灵，专注于呼吸。

重复，不断地重复

每次需要自控的时候，意志力就会恰到好处地被唤醒，也就是说，每次做决定的时候都会考虑可不可以这么做，这时候自控就已经成为你的身体习惯了。

当自控成为身体的习惯之后，我们对自己的时间和生活的掌控与安排就会更加科学合理。同时，你就不需要太刻意地去锻炼自己的意志力，原因只有一个，那就是它已经成了你生活中的一部分。

张弛有度的身心状态

自控力来源于我们的意志力，而意志力又是什么呢？这个问题摆在我们面前时，大多数人可能都会有这种想法：它是一种美德，有的人拥有，也有人没有，它可以让人在困境中爆发出强大的力量。最后一点是问题的关键，就是只有在困境中，也就是在压力很大的时候，自控力才会出现。所以，很多人认为锻炼意志力就是不断地给自己增加压力，可事实却并不是这样。意志力并不是什么优秀的品格，它只是每个人都有的一种本能，可以通过大脑产生，也可以通过不断地锻炼得到提高。

意志力会受到很多因素的影响，如睡眠不足、饮食不均衡，又或者是身心长期处于压力状态之下等大量消耗能量的情况。如果一个人承受了压力或者感到了抑郁，那么他的身心状态肯定不会协调，意志力也会受到影响。现在的很多励志作品都喜欢把意志力独立于人体之外，并且把它的作用无限放大，这是绝对错误的。要知道，你的态度确实很重要，但是你的身体也必须给力，二者缺一不可。

很多人都认为压力是锻炼意志力的好办法，有些家长会带着孩子完成一些高难度的任务，比如徒步登上泰山之类。以为在压力之下爬上山去就能提高意志力，殊不知，压力和意志力其实是敌对的关系，很多时候，意志力的作用就是抵消压力。

而另一些人则认为压力是解决一切问题的办法，有时候甚至会想方设法地自我加压。比如把难题拖到最后一分钟、批评自己控制力太差、绷着一张脸不说话等。短时间内，压力或许可以起到正面的作用，可是时间久了，就会发现，不会有比这更糟糕的选择了，毕竟没有什么会比压力更加消耗意志力。或许他们的潜意识里期望在压力的压迫之下，意志力会突然爆发，随后犹如天神附体般瞬间解决问题，却不知自己一开始就走入了歧途。在压力之下，我们的大脑和身体都会出现各种问题，而意志力的作用就是使我们的大脑和身体恢复正常。你在状态良好的时候都会觉得很棘手的问题，在压力之下只会变得更加糟糕。

美国肯塔基大学的心理学专家苏珊娜·希格斯托姆曾经把人类需要自控时的身体和心理反应称为“三思而后行”反应。压力之下的应激反应和“三思而后行”反应则正好相反：应激反应之下的能量是让人依照本能行事，并不经过大脑，所以在这种情况下，我们是无法做出理智决定的；而且过大的压力也会逐渐使我们的意志力消失殆尽，令麻烦随之而来。一方面，在巨大的压力之下我们会对吸烟、酗酒等行为产生依赖性，因为尼古丁、酒精、咖啡因等物质可以让人产生轻松的感觉，而且这种不断重复的简单动作也能减轻压力带来的焦虑感；另一方面，压力过大会使人变得注意力不集中、记忆力下降、反应迟钝等；最后，压力过大还会影响我们的身体健康，导致各种疾病的出现。

所以，在本来就处处充满压力的生活中，我们不但不应该无谓地给自己增加压力，还应该经常调整身心，减轻自身的压力。那么，怎样来帮自身减轻压力呢？

对工作和生活要有一个整体的规划

“一切尽在预料之中”，这本来就是一种很好的减压方式，有选择、有计划地应对一些事情就会使自己在处理的过程中更加胸有成竹。而且有计划地去完成一件事既可以让自己有明确的目标，知道今天做多少明天再做多少，不会因为拖沓而发愁，又可以使自己清楚地看见工作的进度，每做完一部分工作之后，渐渐积累起来的成就感足以提高自信心，有效地降低压力。

有困难要及早寻求帮助

在工作和学习中遇到困难的时候，一定要第一时间寻求帮助，因为工作或学习的进度不会停下来等你一个人。如果你无法及时地去寻求解决办法，就会令问题越积越多，给自己的压力自然也就越来越大。有些时候，即便你并没有得到帮助，但在你说出困难之后，同样也会感到轻松。要知道，不仅快乐可以分享，说出困难同样可以减轻自己的负担。

要保持乐观的心态

当做一件事情的时候，要想的是“我能行”“我可以”，而不是整天想着墨菲定律，越来越觉得自己倒霉。保持愉悦的心情去投入工作和学习会轻松很多，压力也就相应要减少很多。同时，乐观地预见自己做完工作之后的收获，就会增加对工作的激情，增强自己的意志力，能够承受更大的压力。

学会拒绝别人

在感觉到力所不能及的时候，要及时地说“不”。没有人是万能的，所以偶尔承认自己做不到并不是一件丢脸的事情。不要一味地逞能，把所有的压力都揽在自己身上。适当地拒绝一些自己能力之外的事情，自然也会使压力大大减轻。

学会释放自己

在工作之余，要学会做一些与工作无关的事情，以此释放工作带来的压力。比如说出去旅游，或者是听一整天的音乐。让自己换个心情，释放掉压力之后，工作才会更有激情。

总之，想要提高自控力，并不是要使自己长时间地处于高度紧张或者巨大的压力之下。一张一弛方为正道，让身心处于一种轻松的状态，更有助于提高自控力。

身体成为意志的仆役

当我们感到饥饿的时候，就需要吃东西；而当我们感到疲惫的时候，就会想着坐下或者躺下……这些都是来自身体的需求。当身体产生这些需求的时候，就会把这些需求传递给大脑，大脑则会把这些信号反射变成类似于要吃东西或者要坐下的欲望。但是，如果你产生饥饿情绪的时候恰好正在上课或者工作怎么办？大家都知道要依靠意志力把这种欲望延迟的道理，简单说来，就是要靠意志力控制我们的身体。

当我们把身体交给意志力来支配的时候，它通常会借助我们内心的欲望或理念，来帮我们完成一些平时做不到的事情。比如正在上课的时候肚子饿了，而课桌里面放着刚买来的煎饼果子。正常情况下，当然是吃掉它来满足自己果腹的欲望。但是，从小到大，老师和家长教给我们的都是上课时间不可以吃东西，这时，意志力就会借助这个理念来控制身体，令其不再产生饥饿的信号，使得我们可以认真地听完这节课。

谈到意志力如何对我们的身体起到支配作用，可能很多人都不明白，但其中的道理却很简单。通常，**我们在对身体行为的主动控制中都可以发现意志力的存在，所有主动养成的习惯都可以作为意志力对身体支配的有力证明。**虽然习惯一旦养成了，便成为一种自觉的行为，但是从根源上来说，这仍然是一种意志力的长期实践。习惯养成之后将不再是意志力主动控制的行为，而变成了意志力对行为的一种无意识的控制。比如那些技术高超的体操运动员，他们无论在什么样的情况和环境之下，都能很好地保持身体的平衡，那是因为他们的身体已经可以本能地对大部分情况做出快速而又正确的反应。这当然不是天生的，而是通过后天的锻炼，也就是在意志力的控制下身体不断进行重复，从而产生的身体记忆。意志力会把具体的行动和我们大脑中的要求协调起来，每个具体的动作都离不开意志力的作用，都需要意志力做出合乎情理的说明，尽管人们也许并没有认识到意志力在其中的作用。就拿体操运动来说，运动员在做很多高难度动作的时候，身体的本能反应是要摔倒了，但因为这是一项体育运动，所以意志力就会要求身体必须保持平衡。当然，并不是每一次意志力的控制都会那么的完美和成功，人们同样需要在一次次的失败中养成习惯，以达到最终的目的。

很多人都知道有意识地控制自己是成功者必须做到的，但一个人不可能什么时候都“眼观六路，耳听八方”。所以，在人们的日常生活中，“无意识”和“潜意识”一直依靠着我们主动控制下所形成的习惯，悄无声息地发挥着巨大的作用。例如经过系统性格斗训练的军人，在遇到危险的时候就会很快地做出最佳的应对姿势；而普通人却只能慌乱地挤作一团，这是因为他们的大脑还都没有开始针对这次危险运转起来。

人的思想可以在特定的时候唤醒这些隐藏在潜意识中的意志力，并将这些意志力凝聚成巨大的力量，贯彻到某一个行动当中。当一个人将他的注意力集中在某一事物上时，他的眼神就会变得犀利而有神；而当他只专注于倾听时，排除掉大脑接收到的其他感觉，他的听觉就会变得异常灵敏，盲人的听力远远超过正常人就是这种状况。总之，当一个人全心全意地投入到某一件事情中时，在意志力的控制之下，他的肌肉就会很出色地做出一连串的动作来达到自己的目的。

曾经看到过这样一篇报道：一个五岁孩子的妈妈出门买菜，把孩子反锁在了家里。当这位妈妈回来的时候，正好看到孩子从六楼自家的阳台上掉了下来，情急之下，竟以超乎常人的速度跑到了楼下，接住了孩子。虽然妈妈自己受了伤，但对孩子来说，却只是虚惊一场。学过物理知识的人都会知道，一个五岁的孩子从六楼上掉下来将会产生多大的冲击力，如果不是这位妈妈心中有着必须救下孩子的信念，很难想象孩子能够安然无恙。

可能很多人会觉得上面的例子毕竟只是个例，下面我们举一个发生在身边的例子。小黄是个胖子，身体素质也一直不是很好。大学三年不规律的作息更是令他的身体变得虚弱、糟糕，爬一次楼梯都会把他累得气喘吁吁。因此，在大学前三年的体育考试中，小黄没有一次及格过。大四那年，学校下了最后通牒，凡是体育不合格的学生必须参加补考，补考项目是 4 分钟跑完 1000 米。最终，小黄竟然出人意料地跑完了全程。事后，小黄向大家述说当时的经历：其实，当他跑完第一圈的时候，就已经没有力气了，呼吸困难，腿也沉得要命，可是还能坚持；但当他跑完第二圈的时候，肺部已经感觉到火辣辣的疼痛，嘴里开始发苦，眼睛也有些睁不开，至于双腿，则已经开始麻木了；至于最后剩下的半圈，他根本不知道是怎样跑完的，只是不停地告诉自己跑不完就毕不了业，你必须跑。就这样，虽然大脑已经一片空白，但小黄还是成功地坚持了下来，其实在最后这段路程中，小黄就是靠着意志力支撑着自己的身体。

当然，我们说要让身体成为意志的奴仆，其实并不是鼓励大家像小黄那样完全靠意志力去硬撑，那样的做法，偶尔为之或许会解决我们的困境，但如果经常那样做，反而会给身体带来更大的损伤。我们这里的“奴仆”指的是在日常生活中，不可以被自己的欲望所支配，比如好逸恶劳、暴饮暴食等。**当身体发出一些贪图享受或者懒惰逃避的信号时，就需要我们用意志力去控制它、约束它。**

眉眼之间的注意力

你身边是不是经常有这样的情况发生：当有人向你询问某个地点的时候，你努力地想提供一个标志性的建筑作为参考，却始终想不起来；抑或当你描述某一栋建筑物的时候，总是觉得无话可说，仔细回想一下也不过是方方正正，有几层楼，什么颜色，除此之外，似乎并没有其他不同。眼睛是人类大脑与外界联系的重要通道，人类对于事物的第一判断多半就来自视觉，也就是眼睛。因此，眼睛的观察力和我们的注意力一直都是相辅相成的。

良好的观察力很容易让我们集中注意力，同时，高度集中的注意力也可以让我们的观察力更进一步。所以，要想让自己的注意力更好地集中起来，眼睛的观察力也是不可或缺的，这也为我们提高注意力提供了一种新的锻炼方式。下面，就给大家介绍一些锻炼观察力，也就是眼睛注意力的方法。

我们可以先从简单的静态事物开始练习

比如拿出一本书，我们先仔细地观察它一分钟，然后要尽可能完整地描述出这本书在外形和封面上的每一个细节，包括哪里有划痕、哪里有褶皱等。当我们反复练习，直至可以很容易地描述出来时，就可以更换一些复杂的事物去观察，比如一个人的动作姿态、一件衣服的样式以及纹路等，又或者是去观察一幅画里的每一个细节。观察得越细致，我们注意力的集中程度也就越高，而且，这种方式在锻炼了自身注意力的同时，也能有效提高我们的记忆能力。

继续开始动态注意力的练习

我们在上下班的路上或者平时逛街的时候，要尽可能地留意周围的事物。比如什么地方放着什么东西，又或者某栋楼一共有几层之类的情况。当你再次路过的时候，就可以调出大脑中的记忆进行对比，看自己能够正确地描述出多少内容。在熟练之后，就可以试着观察从你面前行驶过去的汽车，包括车牌以及车型和颜色等，待车辆离开之后，再尽可能地去回忆每一个细节。这样长时间地练习，你就会发现自己似乎具有了短时间内过目不忘的超能力。

准备一些复杂的图案或者将数字写在卡片上

你要练习在最短的时间内描述出卡片上的内容，要求就一个字——快。不要给自己思考的时间，第一时间说出眼睛看到的东西就可以，这可以训练你的快速观察能力，让你在最短的时间内准确地发现周围环境的不同。当然，这项练习也可以通过“找茬”类的游戏来加以训练。

通过锻炼，可以使我们的观察力变得十分敏锐，当我们需要做某件事情的时候，就能够在最短的时间内迅速地掌握眼前的线索，然后，我们就可以很好地集中注意力去完成这件事情。但是，有些时候观察力也会给我们带来一些麻烦。

在一个关于如何提高中学课堂效率的课题中，其中的一项实验就是了解影响孩子注意力的因素。参与实验的班级大概有四十个孩子，把他们分成若干组后，第一组孩子的课桌上有课本和笔记本；第二组孩子的课桌上只有笔记本；而第三组孩子的桌子上则杂七杂八地堆着很多东西，课本、课外书、小工艺品甚至还有零食等。上课开始之后，实验者发现：第一组和第二组的孩子一直在认真地听课，唯一不同的是第一组的孩子会偶尔低头看一下课本；而第三组的孩子则做什么的都有，看课本的、玩耍的，还有偷偷吃东西的，几乎没有人把注意力放在老师所讲的内容上面。在课堂结束后的小测验中，第一组的孩子平均可以接受课堂内容的70%左右；第三组的孩子中，只有两个孩子能记住超过一半的课堂内容，大部分孩子在上课五分钟后就把注意力放在了别的地方。等我们看到第二组孩子的成绩时，却出现了两极分化——一部分孩子的听课效果特别好，几乎消化了90%以上的内容，而另一部分孩子则由于忙于记笔记，将老师的讲解听得断断续续的，几乎有一大半的内容没有听懂或者干脆就没有听到。

在实验中，第一组和第二组的一部分孩子都得到了很好的课堂体验，因为他们整节课都把注意力放在了老师所讲的内容上面，而第三组的孩子则因观察力不足影响了听课质量。我们在日常工作或学习中，都很容易被眼前的一些小东西或者景物分散注意力，比如在我们集中精力写一篇稿子的时候，旁边报纸上的一个小新闻就足以令我们浮想联翩。所以，我们必须学会控制自己的观察力，让它只集中在我们的工作内容上面。良好的自控力可以在一段时间内让我们保持高度集中的注意力，但时间稍长就会感到疲惫，所以我们在提高自控力的同时，应该努力改善周围的环境。

首先，工作环境以安静舒适为最佳，此外，办公桌上面除必要的东西，其余的全部拿开，尤其是报纸和杂志，自控力再好的人也难免会被它们影响。现在很多工作都是在电脑上面完成的，所以我们可以把电脑桌面清空，只留下与工作相关的内容，这样就不会在查资料的时候，因为突然看到了某则新闻而转移注意力。

从一定程度上讲，眼中的世界就是我们大脑中的世界，而提高自控力归根结底也是为了让我们的大脑在思考的时候可以一直朝着我们希望的方向进发。所以，通过眼睛的观察力同样可以提高我们的自控力。让视野局限在我们的工作范围之内，就可以很好地增强抵抗诱惑的能力，提升工作的效率。

乔丹·贝尔福特的身体救赎之路

2013 年，随着电影《华尔街之狼》的热映，主演莱昂纳多·迪卡普里奥再次火了一把。与此同时，电影主人公的原型乔丹·贝尔福特也进入了大众的视线。

现在的乔丹·贝尔福特每天往返于各国之间，四处进行着他的“狼性”演讲，年过五十却依然显得十分年轻、有活力。初见到他本人时，很多人都觉得诧异：这真的是电影中的那个乔丹·贝尔福特吗？还是说影片中那些毫无节制的性爱场面和对毒品的沉迷都是虚构出来的？事实上，电影中所描述的确实都是发生在乔丹·贝尔福特身上的真实故事。

乔丹·贝尔福特是一个非常具有传奇色彩的人，出身于穷苦家庭的他曾经在三分钟内赚到过 1200 万美元，也曾经雇佣 1000 多名股票经纪人为其服务，有过私人飞机，有过定制版的豪华游艇。然而，巨大的成功带来的却是内心的无限膨胀，在拥有了惊人的财富之后，乔丹·贝尔福特便开始了混乱的男女生活以及对毒品的沉溺。大量毒品的摄入使得他一度出现了精神错乱，他曾经这样描述自己的生活：“我当时已经深深地陷入了可卡因引发的妄想症之中，甚至有一次我拿着大口径猎枪，朝一个送奶工人胡乱地开枪。”

然而，这样一个颓废堕落的人，又是怎样成功地变成了今天这个活力四射的职业演说家呢？

曾经的乔丹·贝尔福特因为糜烂的生活掏空了自己的整副身体，甚至一度精神失控。毒品的侵蚀使他很难像以前一样对自己的工作做出正确的选择，所以不久之后，他被捕入狱。经过很短时间的沉沦后，乔丹·贝尔福特开始检视之前的生活，发现自己的身体状况已经糟糕到了一定的程度。于是，他开始了在监狱中的网球训练。因为不再需要为工作而发愁，所以每天超过六个小时的高强度网球训练成了乔丹·贝尔福特生活中的主要工作。那么，网球锻炼对于乔丹·贝尔福特的改变有哪些帮助呢？

第一，运动过程中会消耗大量的体力，正是由于体力的大量消耗，使人们不得不集中注意力而无暇他顾，因此会消除人们内心深处的焦虑和紧张感。当你把这项运动当成一种习惯的时候，你的心里唯一剩下的念头就是挥拍，把球打回去，其他的一切都不在你的思考范围之内。这时候，即便是乔丹·贝尔福特的毒瘾犯了，他也能有足够的意志力和充足的理由去抵抗、去承受。

第二，每个运动项目本身就包含着一定的目的性，就如同打网球，运动员的第一目标就是把球打回去，而且不能出界。当这一目标确立之后，你就会把全部精力都放在这一目标上，巨大的动力会使你的情绪始终保持兴奋。乔丹·贝尔福特本身就是一个十分善于制定目标并执着完成的人，这种体育运动的目的性思维也会代入日常工作之中，让其始终保持着高昂的斗志。

第三，每项运动的每个动作都是为最终的目标服务的，例如网球中的上挑或者下扣，都是为了反击对方的进攻。打网球的过程中，你下一步要使用什么动作都必须靠自己独立思考，因为时间上不允许你去和别人商量。对于我们来说，长时间的锻炼会令自己养成独立思考的习惯，不再盲目地依赖别人。这对于乔丹·贝尔福特的影响就是，他可以渐渐地摆脱依靠毒品和兴奋剂补充精力的习惯。

第四，体育运动的即时性决定了你必须迅速地做出判断。当网球从对方的球拍飞到你面前时，中间间隔最多不过几秒钟，所以你没有多余的时间去思考要怎么应对，也没有时间晃晃悠悠地走向落点去接球，这就需要我们有果断的做事态度。而且，处于高度紧张的状态下又必须做出决定，这就要求我们在果断的同时还要坚定自己的选择。长此以往，你就会发现自己开始变得做事沉稳、处变不惊，也正是这种心态让乔丹·贝尔福特可以很坚定地戒掉毒瘾。

第五，进行每一项运动都必须有很强的自控力。控制身体，也要控制情绪。每天六小时的高强度训练使得乔丹·贝尔福特必须不断地控制自己疲惫的身体，同时也要控制不受长时间运动所产生的焦躁感和负面情绪的影响，唯有保证不被情绪左右，才能取得最终的胜利。长时间的运动会使乔丹·贝尔福特无暇顾及其他，等他适应之后，又会令他很快地冷静下来，不被以前的成功所麻痹，端正自己的心态。

长时间的网球锻炼一方面培养了乔丹·贝尔福特的坚强意志力，让他有足够的自控力去控制不再吸毒；同时，大量的锻炼也使他被毒品和酒色掏空的身体渐渐恢复了正常，而身体的恢复自然也会提高意志力，二者形成了一个良性的循环。这些都增强了乔丹·贝尔福特重新面对生活的自信心，而且，打球时形成的冷静以及开朗的性格，也会让他再次变得活力十足。

乔丹·贝尔福特之所以能够坚持下去还得益于他的另一个特点，那就是执着。他的网球教练曾经这样评价他："他（乔丹）是一个特别执着的人，只要是他认定的事情就一定会做到最好。"也正是因为这份执着，才使得乔丹·贝尔福特可以在高强度的网球运动中始终坚持下去，成功地走出这条身体的救赎之路。

乔丹·贝尔福特的故事有很多值得我们借鉴的地方。当然，我们并没有他那样糟糕的境遇，那份置之死地而后生的决心，但只要长期坚持下去，我们也能做得和他一样好。通过意志力完成高强度的锻炼，然后这种锻炼又会反过来提高意志力，在这个良性循环中，我们对于自己生活节奏的掌控也会变得越来越好。

第十章

当自控力失去控制

自控力爆棚的强者

午夜十二点，大部分人早已酣然入睡，一些人却一直在床上辗转反侧，觉得眼睛有点儿涩，于是关掉了电脑躺在床上，可躺下之后又觉得自己似乎离睡着还有一段时间，所以又打开了手机……如是反复再三，等到睡着的时候已经是深夜两三点钟。或许一般人对此并不会很在意，因为即使睡得晚了，除了第二天起床时会有点儿困难之外，也没有什么太多的不适。其实，这恰恰是一种心理疾病——晚睡强迫症。晚睡强迫症是拖延症的一种，晚睡强迫症的患者并不是不困，而是主观上不愿意自己早早去睡觉。因为在人们的潜意识中，睡着就代表着一天的结束，他们之所以迟迟不愿意睡觉，就是因为他们认为今天的生活并不圆满，心情很浮躁，不愿意结束，这也是控制欲太强的一种表现。于是，很多人开始通过看新闻、刷微博等方法来缓解这种浮躁的心情。殊不知，这样不但无法平复心情，反而会更加浮躁，直到实在困得坚持不下去才沉沉睡去。

或许有人觉得只是晚睡一会儿而已，并不会对生活造成太大的影响，这就大错特错了。晚睡直接导致了第二天起床困难，还间接导致了很多健康问题，可谓后患无穷。睡眠不足自然休息不好，休息不好就会导致身体的免疫力下降，从而引发各种疾病；而且长时间的睡眠不足还会导致健忘、精神恍惚等症状的出现。所以，晚睡强迫症看起来似乎只是一件小事，其实，给我们的日常生活带来的影响却是很大的。

晚睡强迫症是强迫症的一种。在日常生活中，很多人都会觉得自己是强迫症患者，其实，大部分人只是有轻微的强迫症倾向而已。而强迫症倾向并不等同于强迫症，有时候，轻微的强迫症倾向还会给生活带来一定的好处。比如，有的人每天不读一页书就睡不着觉，这也算是一种轻微的强迫症倾向，可不仅没有带来危害，反而会使你在不断地积累中学习和进步；同样，那些对工作一丝不苟的强迫症倾向者，也很容易在工作上做出成绩，这些强迫症倾向无疑是有益无害的。

那么，强迫症是怎么出现的呢？在以弗洛伊德为代表的精神分析学派看来，出现强迫症的关键是焦虑。当我们自身的某一种欲望迸发出来的时候，由社会道德和文化修养等因素形成的既有观念会让我们理智地去控制这种欲望，并且使之变得平和，这也就是我们常说的自控力。但是，一旦控制失败了，就不得不采取一些心理防御机制来抑制失败给我们带来的焦虑心情，如果这些防御机制无法抑制焦虑的心情，就会出现强迫症的症状。

而行为主义心理学则认为，强迫症是病态的行为反应通过条件反射而形成的，强迫性的某种行为可以减轻我们内心的恐惧、焦虑等情绪。所以，那些看似不合理的强迫症行为，其实都是我们的某种病态心理在日常行为上的反射。

程琳是一家上市公司的分部经理，有着不菲的年薪和一套位于高档小区的房子。在别人看来，她的生活应该是不会有什么烦恼的，但在一次同事聚会上，程琳却道出了不为人知的一面。原来，她有一个很特别的习惯，那就是每天晚上睡觉的时候，都必须把门窗锁好，而且会不厌其烦地检查好多次。有时候刚按顺序检查完一遍，还没等回到卧室，就又开始怀疑是否忘记了检查其中的某个房间，然后再挨个儿过去检查一遍，好不容易检查完了，谁知才刚刚躺下就又开始怀疑自己是不是仍旧漏掉了某个窗户没检查，如果不马上去看一下的话，就会变得心烦意乱，根本无法休息……就这样，程琳几乎每天都会被这件事弄得疲惫不堪。

仔细询问之后，大家才知道，原来，在程琳大学刚毕业的时候，曾经有小偷闯进过她租住的房子。虽然房门上面的锁有明显被撬过的痕迹，但程琳始终认为是自己没有锁好门，小偷才会闯进来。因此，有了这样的经历后，程琳的心中便留下了阴影，她本能地希望可以把自己关在一个封闭的环境中来保护自己，内心的恐惧也一直存在着。于是，调节失控的她只能不停地重复锁门的动作，来加强自我暗示，以取得一定的心理安慰。

像故事中的程琳一样生活，无疑是非常痛苦的，可是，在面对强迫症时，我们需要怎样应对呢？正如前面所说的，我们中的大部分人都只是具有强迫症倾向，那么，我们就可以通过一些简单的调节来解决这类问题。

学会顺其自然

这是森田疗法的精髓，森田疗法是专门治疗强迫症的一种方法。所谓顺其自然便是顺应规律，以文章开头所说的晚睡强迫症患者为例，我们不要对生活盲目地追求完美，完成了今天的任务后就要放下今天，把剩下的事情留给明天。晚上十点是最佳的睡眠时间，这是科学，更是人体的需要，我们没必要让一些杂念来干扰自己。这里，还需要我们做到另外一点，就是接受自己的强迫症，然后明白它是一种杂念，自然就可以不去理会。人的心理在接受一件事物的过程中存在着一种很有趣的现象，那就是你越排斥，反而就会越在乎。所以，我们没必要一味地去排斥它，过一段时间这种症状就会自然消亡。

要减轻自己的控制欲望

生活就是因为有太多的未知性才显得多彩多姿，我们没必要也不可能把每一件事都控制得那么合理。所以，要让自己接受对未知的好奇，不要试图把一切都牢牢地掌握在自己的手中。如果实在抑制不了自己的控制欲望，那么，索性找个策略类的游戏乐在其中、大杀四方，这也不失为一种很好的宣泄方式。

试着满足自己的需求

仔细去分析自己产生焦虑的原因，找到根源之后就可以加以应对。同样是晚睡强迫症的患者，缺少的或许仅仅只是一种感觉而已，那就是某件事已经“完成了”的感觉。因此，可以试着在睡觉前做一件事，比如写一段文字或者读一篇文章都可以，唯一的要求就是流畅完整地做完一件事情，然后我们的潜意识就会认为今天的工作已经完成了，可以安心睡觉了。

给自己一些适当的心理暗示

心理学认为，当一个人不断地在心里重复某一件事时，那么不论这件事有多么荒唐，都会认为这件事情是真的。比如说程琳女士，就可以在家中的每扇窗户上都贴一个序号，每次检查的时候都按照序号的顺序来检查，这样检查完毕后，就可以确信自己没有漏掉某扇窗户，然后告诉自己：这里是高档小区、这里的治安很好……长时间坚持下来，就会有一定的效果。

具有强迫症倾向的人都可以根据上面的办法进行自我调节。但是，如果你发现自己的强迫症已经严重影响了正常的生活、工作与学习，那么就需要及时地去寻求心理医生进行治疗。心理问题和感冒发烧一样，只是一种普通的病症，没有必要讳疾忌医，在专业心理医生的指导下，再加上药物的辅助，会很容易摆脱症状的。

虽然自控能力强是一件好事，但如果强得过了头成了强迫症，好事儿反而变成了坏事儿。所以，我们一定要掌握好分寸，合理地控制自己的行为和情绪。

心理意志的疲惫期

很多人可能都有过这样的经历：当你完成某项耗时很长而且强度很大的工作之后，会突然感觉自己非常疲惫，即便每天睡足十二个小时，依然觉得浑身乏力、思绪昏沉。这是什么原因呢？就如同运动强度太大后，整个人会“脱力”一样，过度耗神同样会导致“脱力”。只不过这个“脱力”的后果不是身体上的疲惫，而是心理上的疲惫。

人类强大的意志力是毋庸置疑的。1937 年 10 月，在中日淞沪会战的四行仓库保卫战中，团长谢晋元带领 400 多名战士在四行仓库阻拦了日军整整四天四夜之后，安全撤离到英国租界。以现代人的眼光来看，在那么悬殊的力量对比之下，他们还能坚持那么久，着实很难想象。类似的情况在整个抗日战争中并不少见，原因就是他们心中有信念，也就是我们常说的意志——一种为达目的誓要坚持到底的心理状态。

但是，人的意志力并不是无穷无尽的，长时间持续下来也会疲惫，这就是我们所说的心理疲劳。坚持时间的长短和我们意志力的强弱有着直接的关系。

上面的论述看起来似乎和我们这些普通人没什么关系，其实不然，心理疲劳已经成为很多上班族的主要健康问题。因为我们长时间处于同一种工作环境之中，做着同样的工作内容，简单而繁复。说简单，是因为很多时候我们都在机械地重复着某种动作；说繁复，是因为我们需要重复的次数实在太多。不论是长时间的高度紧张，还是不断地重复，都会令神经系统出现疲劳的现象。比如不愿意上班、工作时极易狂躁、注意力涣散、思维迟钝、遗忘率升高等，这些都是心理疲劳带来的后果。或许很多人会觉得自己每周都有双休日可以休息，是不会出现心理疲劳的，这也是一种认识误区。心理疲劳不同于生理疲劳，生理疲劳只是在经过一系列的高强度劳动后所产生的乏力感，对于大多数人来说，只要美美地睡上一觉，这种乏力感就会消失。但心理疲劳却不同，首先心理疲劳初期的症状并没有那么明显，或许只是突然感觉到烦躁或者厌恶，可能只要站起来，在办公室里走几圈这种情绪就会缓解，但是，长时间积累下来之后，你就会发现，这种疲劳并不是蒙头大睡就可以轻易解决的。

所以，当你发现自己出现了下面几种情况时，很有可能是产生了心理疲劳，需要引起重视。

1. 一大堆工作摆在面前却不愿意去做，而且工作中失误很多，效率不高。

2. 情绪很不稳定并且容易冲动，甚至有些神经过敏。

3. 眼睛容易疲劳，经常觉得困乏，却又睡不着。

发现了以上问题之后，我们又该如何去缓解心理疲劳的问题呢？

合理地安排作息时间

我们的心理承受能力是有限的，意志力再强也会有消耗殆尽的时候。所以，我们必须要有合理的作息时间，工作到一定的强度时必须休息，让紧绷的神经放松，令长时间处于同一状态的情绪得到舒缓。

加强体育锻炼

一般来说，身体素质好的人，心理承受能力也比较好，即意志力较强，因为人的神经系统和心理活动有着千丝万缕的联系。人们常说“身体倍儿棒，吃嘛嘛香”，说的就是这个道理，身体素质好，抵抗疾病的能力自然就强，身体舒服了，心情也会变得愉悦，心理压力当然也就减轻了不少。

学会合理的情绪宣泄

长时间高强度的紧张和大量的重复会造成意志力的疲劳，太多负面情绪的积压同样也会使你产生疲劳的感觉。就如同一个人踏入社会后，一直接触这个社会的阴暗面，每天见到的都是一些不好的人和事，长时间坚持下来肯定会出现心理问题。所以，负面的情绪必须及时得到宣泄，比如进行某些体力运动，如长跑、拳击等，又或者是找人倾诉或写成日记等都是很好的宣泄方式。

找到自己所要坚持的信念

有时候我们没办法减轻压力，那么也可以试着增强意志力，坚强的意志力常会使人们做出一些常人难以做到的事情。如同四行仓库保卫战中的战士们，如果换做普通人，不要说和日军对峙几天几夜，可能炸弹一落就已经惊恐不已。但是四行仓库的战士们不同，他们都坚定地认为自己有责任阻拦日军侵略的脚步，把守卫四行仓库的任务当作自己的使命来完成，自然意志力高涨，坚持的时间也很长。在日常生活中，我们虽然不需要把自己的工作强行拔高到使命的地步，但还是要把完成工作当成自己应尽的责任，这样就可以更好地集中精力，心无旁骛地完成工作。

和谐的人际关系

在日常工作中，团队合作的效率总是比一个人的效率高。这不仅是因为团队合作可以集思广益，更重要的是，团队成员之间的合作会使我们更容易消解一些在工作中产生的不良情绪。人是群体性动物，当人们互相依靠、团结在一起的时候，集体的意志力就会变得强大，个人的那一点心理疲劳也就很容易会消解。

如果上面的办法都没能缓解你的疲劳状态，那么就需要向专业的心理医师寻求帮助。很多人都讳疾忌医，很害怕别人知道自己要去看心理医生。其实，我们中间的大部分人或多或少都存在某些心理疾病，去看心理医生就如同感冒了要吃药一样，不需要有什么心理负担。正如股市的时涨时跌，再坚强的意志力也会有疲惫的时候，这就需要我们及时地去调整状态，使自己可以很好地控制意志力。

耗损巨大能量之后

在大学的校园里，每个学期末我们都能看到这样一幕奇特的景象：大批神色憔悴的学生不约而同地挤在教室或者楼道里，每人拿着一个夹菜饼和一瓶功能饮料，目光呆滞地背诵着书本上面的内容，网吧里空荡荡的，宿舍中也不会有人长时间地滞留，这就是别称“死亡周”的考试周来临时的景象。为了补回因为恋爱或者游戏而落下的一个学期的课程，学生们不得不强迫自己每天学习十几个小时，并且放弃一切其他的安排：热恋的情侣不再每天腻在一起、平时吃饭特别磨蹭的人也会飞快地解决问题……他们似乎突然变得除了学习以外，什么也顾不上了，每个人看起来都昏昏沉沉的，不少人开始不洗澡，甚至不洗脸、不刷牙。这其实是一个很严重的问题，因为他们的意志力似乎马上就要消耗殆尽。

美国佛罗里达州立大学的一位心理学教授在进行了大量的实验之后发现了一个规律：不管是什么样的意志力实验，参与实验者的自控力总会随着时间的变化而逐渐消失，这时候，不光是注意力会分散，他们身体里的能量也会被耗尽。比如在某次实验中，一组抵制甜品诱惑的受试者在这位教授有意地延长了饥饿时间之后，不仅更想吃那些实验用的甜品，而且还出现了拖延症的症状。

意志力是一种很神奇的东西，我们可以依靠它在实现长远目标的时候不被恐慌和懒惰等情绪左右。但天下没有免费的午餐，意志力的使用也不是毫无代价的。我们用意志力完成克服诱惑、抵制欲望、集中注意力、缓解压力等一系列任务的时候都是需要能量的，这并不是那些看不见、摸不着的精神力，而是实实在在的身体能量。就和你在遇到危险的时候，用来逃跑或者战斗的能量是一样的。

因为自控是需要能量的，所以，很多科学家都认为长时间的自控就像不断地给自己增加压力。我们都知道压力过大会影响身体健康，在长时间的压力之下，身体也会源源不断地把储存的能量转移到应对随时可能的突发状况上。甚至我们都不需要对这些压力做出过激的反应，只要我们的大脑不停地识别外在的威胁，那么我们的神经就会一直处于高度紧张的状态，能量的消耗也会一直持续下去。这就导致那些本来同样也需要很多能量的消化、对抗疾病等生理活动因为缺少能量而减缓或者暂停下来。因此，当我们承受的压力过大时，就会引起各种慢性疾病，如皮肤病、肠胃疾病等。

正如压力过大时一样，过度地使用意志力同样也会削弱免疫系统，增加患病的概率。听到这样的观点，或许很多人都会感到疑惑：我们前面一直在强调意志力对于个人有多么重要，现在却又说意志力过度使用会损害身体健康，这不是自相矛盾吗？其实并没有。正如适当的压力会给我们的生活和工作带来动力一样，适当的自控也是我们完成工作或者实现目标必不可少的；反过来说，过度的压力会影响健康，不加节制地使用意志力，同样会给你的身体和精神带来沉重的负担。所以，我们需要给自己一个恢复能量的时间，并且在某些情况下，也确实需要把脑力和体力更多地用在其他方面。比如你在工作的时候，虽然需要意志力控制自己不去偷懒，但最重要的还是需要将精力花费在完成工作上，不能只想着和偷懒的习惯做斗争，反而耽误了正事儿。再者，即使你的意志力再强，也不可能控制所有的思想、行动以及情绪，因此，我们还是要合理地使用意志力。

小郑在别人的眼中是一个乐观开朗的人，和同学相处得一直很融洽，学习功底也非常扎实，因为毕业论文的观点新颖、资料翔实而受到导师们的一致好评，而且在毕业之后就会去一家不错的研究所工作……在别人看来，小郑的生活完美得几乎无可挑剔。但就是这样几乎毫无瑕疵的一个人，却突然毫无预兆地自杀了。后来，家人通过他的博客和日记了解到，这状似完美的一切都是小郑的刻意而为之：不论对方是什么样的人，他都要求自己以最友好的态度对待；不论自己的时间有多紧张，需要做的事情都必须按时按量地完成。久而久之，小郑就塑造了人前乐观开朗、博学多识的优秀形象，但自己在生活中遇到的诸多不如意却被迫长期地积累了下来。为了维持一贯的良好形象，每次小郑都会努力地压抑情绪，不允许它在人前表露出来。于是，在他的博客中经常会出现“虚伪”“疲惫”“快要崩溃”之类的词语。终于，在即将毕业的时候，在美好的未来即将展开的时候，自制过度的小郑崩溃了，在巨大的压力之下，选择了亲手结束自己的生命。

故事中的小郑就是一个对自己过度控制的人。他希望可以控制自己在人前的一切行为和情绪，而且似乎做得还不错，但最终还是因为给自己的压力太大而彻底崩溃了。一个人的精力本来就是有限的，学习任务本来就很重，还要分出大部分的精力去控制自己的情绪和行为，长久积累下来的压力是无法估量更是无法承受的。虽然对于我们普通人来说，一般不会做到小郑的那种程度，我们的压力也会相对小一些，但长期累积下来，也会有失控的时候，脾气暴躁、生病等情况都是很难避免的。

人体的每一项活动都会消耗能量，我们不可能时时刻刻都把大部分的能量分配给意志力，而且大脑也不会允许我们这样做。**所以，对意志力的锻炼必须**

有计划、有节制。而且，一旦经过长时间或高强度的工作之后，发现自己出现了能量透支等类似的苗头，我们就必须及时调节，给自己一些时间来恢复损耗的能量。**必要的时候，可以让意志力休息一下，松弛紧绷的神经、释放内心的压力、宣泄长期积累的负面情绪，这对我们来说，是非常有必要的。**

放下完美自制的念头

在电影《辛德勒名单》中，有一次，辛德勒去歌德上尉的别墅里参加舞会。舞会结束后，歌德上尉醉醺醺地对辛德勒说道："你从没有喝醉过，这显示出你有非凡的自制力，而自制力就是权力。"

自制力，在心理学中的解释是知觉到的自我控制。那么，什么是"知觉到的自我控制"呢？就是指一个人对自己的心理和行为的主动掌控。自制力强的人可以在遇到困难的时候，抑制住自己想要退缩的念头；在遇到问题的时候，他们可以克制住自己的冲动，使问题得到合理的解决。此外，自制力还对抵制诱惑、延迟满足、制定和完成计划等诸多行为起到有益的作用。对于现代人来说，爱上网、玩手机、饮食无规律，甚至滋生暴力、犯罪行为等诸多的社会问题，使越来越多的人把提高自制力当成了解决这些问题的一剂良方。心理学家罗丁也从他的研究中得出结论：如果给一个被迫失去某项自我控制权的人一种强烈的自我责任感，令他提高对自己日常生活的控制，那么他的生活态度就会变得健康和积极。

所以，自制力一直被认为是一个人可以成功的关键性因素。也正因如此，很多人都在想尽办法提高自制力，甚至到了偏执的程度。

张扬就是这样一个人。名叫张扬、人却不张扬的他在一家外资企业工作，公司的待遇高，管理也很人性化，但对工作的要求却非常严格，所以张扬为了能够很好地完成工作，一直在不断地提高自制力。他最常说的一句话就是：“我希望自己是一台精密的仪器，能够高速准确地运转起来。”于是，张扬在工作之余，又是查资料又是找人咨询，几乎成了一个提高自制力的专家，做任何事情都要尽善尽美。对于他来说，在日常生活中就要不断地提高自己，并且总觉得自己做得还不够好，需要继续努力。一段时间过去了，原本活泼开朗的小伙子竟然变得刻板起来，甚至还有些神经兮兮的。

一次，张扬和朋友一起坐公交车时，被一个胖子无意间踩了一脚。以往遇到这种情况时，只要胖子道个歉，然后张扬抱怨两句再说一声没关系也就没事了。但这一次，张扬却突然脸色大变，像是一头狂暴的野兽。胖子被吓了一大跳，什么话也没敢说就匆匆下了车，而张扬也在一阵牢骚后恢复了正常。回到家里后，张扬的情绪才彻底地爆发了出来，先是大骂胖子不道德，踩了他也不道歉，然后又开始说那个胖子连自己的体重都无法控制，简直就是低能。越说越气愤，话也越来越难听，情绪终于失控了。等张扬冷静下来后，朋友就问他：你在车上时，为什么不直接去责怪那个胖子呢？张扬解释说：当时自己的情绪很激动，但必须努力控制。而当朋友又问张扬为什么会这么激动的时候，张扬的情绪却再一次失控了，仿佛受了天大的委屈，这一段时间以来的各种不满顷刻爆发……

意志力是有极限的。压力的确可以锻炼意志力，但同时也很容易消耗意志力，当压力过大的时候，不但锻炼不了意志力，反而会适得其反，令人更容易拖延，更加容易被外界诱惑，也更加容易发脾气，控制不了自己的情绪。张扬就是因为给自己的压力太大才一再爆发的，人毕竟不是一台机器，又怎么可能真的如同机器一样不停歇地做精密的运转呢？张扬平时为了锻炼自制力，往往会不自觉地强迫自己压抑所有的不满，而当这些不满积累到一定程度的时候，自然就会大规模地爆发出来。所以，我们要正确对待压力，对意志力的锻炼必须有张有弛。

一个人一天的意志力变化是一条曲线，一般是从早到晚渐次衰减。早上刚刚起床时，经过一个晚上的休息之后，人的一切生理机能都被调整到了最佳状态，意志力很强，此时就可以做一些难度比较大的工作，而在下班后，工作了一天就要让自己静下来休息。因为一整天工作下来，身体和精神都已经变得十分疲惫，意志力自然也会随之下降，如果此时你还要强行要求自己去做计划中的事情，很可能就会适得其反。

意志力的锻炼是一个循序渐进的过程。比如我们想要每天跑步五千米，乍一尝试这么大的强度，可能连第一天都坚持不下来，但如果我们一开始只是每天跑一千米，然后慢慢地增加，不知不觉中我们就会发现，自己已经能够很轻松地跑完五千米了。跑步的过程同样也是一个锻炼意志力的过程，如果第一天你就强制要求自己跑完五千米，那么因身体疲劳而带来的负面情绪就会不断地滋生："原来跑五千米是那么的累。""每天跑五千米实在是太痛苦了。"类似的念头就会不断地闪现，直到放弃，或者因压力太大导致失控。前者只是前功尽弃而已，而后者就会像故事中的张扬一样，把自己折腾得神经兮兮。

意志力的成长是无限的，但在某些时间段又是有限的，再加上意志力成长的渐进性，以及伴随着工作或者学习热情逐渐下降的特性，三者综合起来我们就会发现，自制力虽然是可以不断提高的，但并不是一个没有极限、可以一蹴而就的过程。所以，我们要不断地提高自制力，但也不能过分追求自制力的提升。要主动放弃对完美的追求，因为那是不可能做到的。唯有在找到意志控制的平衡点之后，我们才能更好地提高自制力。

放松：一次身心休整

我们用了整本书的内容来讲怎样提高意志力和自控力，以及怎样进行自我调节，让自己能够更好地完成自控力训练。虽然训练的过程有张有弛，但仍然避免不了疲惫感的产生。所以，现在我们不妨把这些都先抛在一边，来一次彻底的放松，给自己的身心安排一次最好的休整。

首先是遗忘，忘记那些烦恼的工作和交际，同时也要忘记那些锻炼意志力的计划和用来掌控时间的表格，让心理回到无忧无虑的孩提时代。接下来，我们要做的就是休息和调整。

休息的方法其实很简单——睡觉。下班回家后直接倒头大睡是不少人习惯的做法，但这样并不会给我们带来最好的睡眠质量。我们应该在睡觉前进行少量的运动，比如出门散散步，不需要太久，只要让心情平静下来就好。然后，回家洗个热水澡，即便不洗澡也要好好地泡泡脚，因为泡脚有舒经活血的作用，既能够解乏，又可以提高睡眠质量。接下来，换一床干净整洁的被褥，选择一个最舒服的姿势进入梦乡。当然，一定要记得拉上窗帘，这样会避免清晨的阳光打搅到你的睡眠。等睡到自然清醒之后，你的体力和精神力就已经得到了完全的恢复，这时候，我们就可以调整自己的身心了。

调整身心的方法有很多种，作用也不尽相同。主要包括以下几种。

呼吸调整法。这里我们介绍两种呼吸方式

■ 深呼吸，也就是腹式呼吸

不同于我们惯用的胸式呼吸，这种呼吸方式要求我们在呼吸的时候保持胸腔不动，依靠腹部横膈膜的上下移动来呼吸。这种呼吸方式可以把氧气送到我们身体的各个部位，因此，可以充分地发挥我们的心肺细胞功能。并在增大肺活量、加强心脏功能的同时，也增强了消化系统的动力，从而起到排除积聚在肠道内的毒素以及释放内应力的作用。此外，日常胸式呼吸时，氧气只能到达肺部，所以我们体内的其他器官就会处于一种缺氧的状态，时间一久就会诱发疾病。当然，刚开始时，腹式呼吸会令人感觉很难，但只要多加练习，很快就会适应。

■ 清肺呼吸，这是一种更为彻底的深呼吸

我们在深深地吸进一口空气之后，屏息五秒钟左右，然后再以最缓慢的速度呼出。这就好像我们把肺部的脏空气一次性地排放干净一样，整个人都会觉得舒服很多。

运动。这里的运动不以锻炼身体为目的，只是为了令紧绷的神经和肌肉放松下来

■ 肌肉放松

先深呼吸一口气，让心情平静下来；接着，让身体的某一部分紧绷起来，保持五到十秒的时间，仔细体验这种紧张的感觉；然后突然放松，再体验这种放松后的感觉。当你通过这一系列动作把身体中的各个部位都依次放松之后，你就会感觉浑身上下都轻松了好多。我们平时常做的伸懒腰就是一种肌肉放松。

■ 游泳

水会让我们得到全身心的放松，有利于减轻心理压力。我们可以在清澈见底的游泳池中，尽情地释放情绪，让自己不再郁郁寡欢。

■ 网球

网球运动消耗大，排汗多，既可以排除我们身体中的毒素，也是一种发泄情绪、重新振作的理想运动。在一个深呼吸之后，用力地把球击出去，就好像是把压抑在内心深处的不满和愤怒统统地击打出去；然后，用心关注每一次落球并迅速做好调整还击，就好像我们在经历了成功或者失败之后，重新收拾心情再次出发，瞬间把以前的喜怒哀乐都抛开、放下，整个人都会变得轻松起来。

■ 在大自然中运动

许多国家的医院和疗养院的墙壁都被刷成淡淡的绿色，连医生和护士的工作服都做成了绿色。这是因为绿色不但可以缓解人们的视觉压力，同时也有很好的镇定作用。所以，我们在运动时可以选择去满目苍翠的环境中，比如在树林里或者草地上，做一些放松的动作之后极目远眺，觉得轻松的同时也会变得自信起来。清晨，很多老年人选择在树林里锻炼身体就是出于这个原因，而高尔夫被称为“绿色运动”也正是基于此。

吃一些清淡的食物，而不是大鱼大肉

平日里，为了保证我们有足够的能量应对忙碌的工作，所以，必须要保证每天摄入足够的肉类和蛋类。但我们在调节身心的时候，最好不要吃这些容易让人上火生热的东西，各类营养粥品才是我们的最佳选择。中医认为小米和大米都具有补中益气、健脾养胃的作用，所以，多喝些粥对于调理被我们搞得疲惫不堪的身体器官实在是再好不过了。

其他放松和调节的方式

■ 冥想是一种绝佳的放松方式，只是很多人都没有真正地尝试过

选择一个安静的环境，然后摆一个舒适的姿势，再做几个深呼吸之后，就可以开始冥想了。冥想的要求是大脑空灵，什么也不去想，但对于一般人来说，这种境界很难达到，或者干脆就会睡着，所以我们可以换一种方式，即把所有的注意力都集中在某件事情或者某个物品上，然后任由思绪天马行空。仔细体会一下这种感觉，就会感觉自己的身心都变得轻盈起来，身体的疲惫和心理的压力也会不翼而飞。

■ 泡温泉

泡温泉是一种很好的消除疲劳的方法，同时，温泉中的矿物质也会补充人体所需的一些营养。

■ 自言自语或者写日记

这是一个整理自己内心的过程，既可以发泄心中积压的情绪，也可以通过这种方式来自省，让自己能够更好地了解自己。

■ 什么也不做

你可以发一会儿呆，因为不论做什么事都需要大脑的调控，而发呆则是让大脑休息的一种方式。这种方式和冥想有些类似，不过更容易做到。

紧张的生活之中，我们必须要有放松身心的瞬间，只有这样才能让我们疲惫的身心彻底地得以休整和恢复。锻炼很重要，放松也同样重要，这也许就是那些大富豪总喜欢在工作之余，到一些风景优美的地方休假、晒太阳的原因。

写在最后的话

前面的章节几乎涵盖了所有锻炼自控力的方法和技巧，甚至还推荐了一些锻炼之余的恢复调养方法。最后我们就再向大家介绍两个导致自控失败的非意志力因素，希望能够作为一种借鉴，让大家不至于误入歧途。

不要去想那只白熊

在意志力控制的训练中，有一种堪称最糟糕的失败一直没有被我们提及，希望大家读了这一节后，一定不要去重复这种糟糕的失败。

俄国作家列夫·托尔斯泰小的时候非常顽皮。有一天，哥哥实在受不了他，就命令他去墙角蹲着，直到心中不再想着一只白熊才可以出来。结果，直到晚上哥哥下班回来才发现，小托尔斯泰依旧蹲在角落里，带着满脸的苦恼与不解。

现在，大家也可以努力试着让自己不要去想一只白熊，很快你就会发现，这只没人知道因何而来，又来自何处的白熊已经深深地印在了你的大脑中。这就引出了一个问题：我们为什么控制不了自己的思维。

哈佛大学的心理学教授丹尼尔·韦格纳针对这种情况做了大量的实验，每次得出的结论都十分相似：那就是当你越想控制脑子里的某个念头时，你就会发现它越难被控制。他将这种效应称为“讽刺反弹效应”。这是因为大脑在执行“不去想一只白熊”这个要求的同时，也会被不断地暗示白熊的存在。当人们在压抑自己的本能时，这种“讽刺反弹效应”就会出现，就像小说中的男主角最后总会爱上仇人的女儿一样。

但现在对于我们来说，真正麻烦的还不是这个，而是因为“讽刺反弹效应”所衍生出来的另一个问题：当我们努力克制自己不去想某件事的时候，就偏偏会去想，而当这种想法一次又一次地出现的时候，我们又会很偏执地确信这种想法是真的。

小王的牙齿一直不好，前一段时间更是因为患了牙髓炎而不得不对牙齿进行多次修补。这段时间里，一个很多年前的报道一直萦绕在他的脑海中：据说拔牙有一定的概率会导致心脏痉挛，严重的甚至会失去生命。这种想法冒出来之后就再也无法消除，每次躺在牙医的治疗椅上，小王都会幻想自己突然死亡的情形；甚至在一次看牙的时候，他突然满头大汗，心脏也似乎瞬间停止了跳动。无奈之下，小王只得暂时放弃了治疗。这是因为，当他反复思考拔牙的致死率时，“拔牙并不必然致命”的这个科学观点却被他本能地排除在外了。

无论什么样的欲望或者恐惧，当你越想摆脱它的时候，就越会觉得它令人信服。一项科学研究表明：当一个人越想压制自己的消极情绪时，就越容易患上抑郁症。这种现象不仅出现在本身患病的人群当中，就连完全健康的人们也无法摆脱这种效应。

那么，我们究竟应该怎样去应对呢？方法很简单，那便是放弃自控。于是，一个颇具讽刺意味的现象出现了：当你被允许有某种想法的时候，反而很难激活这种想法。所以，当我们出现上述情况时，首先要做的就是让自己接受这个想法，然后再告诉自己这种想法不可以付诸行动。于是，“讽刺反弹效应”也在这种可笑的“自控”方式中消失了。

由此可见，抑制欲望的反面并不是放纵自己。认真分析前面关于自控力训练的各种实验，我们不难发现一个结论，那就是不要试图去控制自己的心理活动。因为这样做反而会对自己原先的目的产生反效果。但我们中的大多数人在犯了这种错误后，并不会去反省和更正，反而会认为是自己的自控力还不够，这就导致他们连续不断地制定出更多类似“下次一定要做到”的目标。为了让头脑远离有害思想，我们总会想方设法地摆脱它，结果自然是事倍功半。所以，我们必须意识到，控制自己的思想是不可能完成的任务，我们所能做的，唯有选择自己要怎么做。

诡异的“道德许可”

纵观历史上诸多名人和伟人的生平事迹，我们会发现这样一个诡异的现象：大善之后往往会伴随着大恶。

很多人在进行了大量的减肥运动之后，总会犒劳自己一次，让自己放开肚子大吃。因为在他们看来，已经锻炼了那么久，应该可以大吃一顿了，这就是道德许可的诡异之处。

小聪总是愿意从家里拿出零食来和别的孩子分享。按理说，这个孩子应该得到大家的喜欢才对，事实却恰恰相反，几乎所有小孩都讨厌这个叫小聪的孩子。因为，小聪总爱抢别的小孩手里的零食，在他看来，既然他已经把自己的零食“无私”地奉献给了大家，那么他吃大家的东西也应该是理所当然的。

严格来说，这种“道德许可”毫无逻辑可言，因为我们一般不会在“好”和“坏”之间建立必然的联系。但是，任何让你觉得对自己很满意的事情，都会成为你放纵自己的理由。例如一个工厂的经理，只要一想起自己最近刚为灾区捐了一大笔款，就不会在意自己的工厂排放的工业污水所带来的环境问题。

这种“道德许可”最麻烦的不是逻辑上的诡异，而是它总会有各种理由促使我们放弃自控。而放弃自控的你很可能会做出一些违背本心的事情，例如把信用卡刷爆或者多抽一支烟当成对自己努力攒钱和戒烟的“犒赏”。这种可怕的诱惑力会让你把“想做的事情”变成“必须做的事情”。

那么，如何避免这种“道德许可”的陷阱呢？我们首先必须分清楚什么是道德问题，而什么又是普通的问题。戒不戒烟或者攒不攒钱都无关道德，只是自律的一种行为，做到了不代表自己拥有美德，做不到也不代表自己是罪恶的。当你分清楚这些之后，自然就会跳出“道德许可”的怪圈，也就不会因此而轻易放弃自控。

自控力是风靡全球的一大热门话题，加强自控力锻炼已经在越来越多人的心中形成共识。在心理学家的总结和研究之下，新的理论和新的方法也在不断地涌现。如果想要很好地掌控自己的时间和生活，就必须在学习已有知识的同时，不断地去思考实际问题，因为有自己特色的自控道路才是最佳的选择。

图书在版编目 (CIP) 数据

超实用心理学与自控力 / 曲楠著. —2 版. —北京：中国法制出版社，2020.4

ISBN 978-7-5216-0824-3

Ⅰ. ①超… Ⅱ. ①曲… Ⅲ. ①自我控制－通俗读物 Ⅳ. ① B842.6-49

中国版本图书馆 CIP 数据核字（2020）第 021016 号

策划编辑：李佳（amberlee2014@126.com）

责任编辑：李佳　黄一迪　　　　封面设计：杨泽江

超实用心理学与自控力

CHAO SHIYONG XINLIXUE YU ZIKONGLI

著者 / 曲楠

经销 / 新华书店

印刷 / 三河市国英印务有限公司

开本 / 710 毫米 ×1000 毫米　16 开　　　　印张 / 15　字数 / 195 千

版次 / 2020 年 4 月第 2 版　　　　2020 年 4 月第 1 次印刷

中国法制出版社出版

书号 ISBN 978-7-5216-0824-3　　　　定价：45.00 元

北京西单横二条 2 号　邮政编码 100031　　　　传真：010-66031119

网址：http://www.zgfzs.com　　　　**编辑部电话：010-66038703**

市场营销部电话：010-66017726　　　　**邮购部电话：010-66033288**

（如有印装质量问题，请与本社印务部联系调换。电话：010-66032926）